Vivre la mer

LE SAUVETAGE EN MER

Odile Clerc
Emmanuel Cerisier

Préface
de l'amiral
Yves Lagane,
président de la S.N.S.M.

Une collection dirigée par l'amiral Jean-Louis Battet

Gulf stream éditeur

Remerciements

L'auteur adresse ses remerciements tout particuliers à l'amiral de Saint-Salvy, préfet maritime de Brest, pour sa relecture attentive, à l'amiral Yves Lagane, président de la S.N.S.M., pour son implication et sa disponibilité.

Sommaire

Un défi depuis la nuit des temps

Chapitre 1

ISBN : 978-2-35488-177-1
Loi 49-956 du 16 juillet 1949 sur les publications destinées à la jeunesse

LE SAUVETAGE EN MER AUJOURD'HUI

CHAPITRE 2

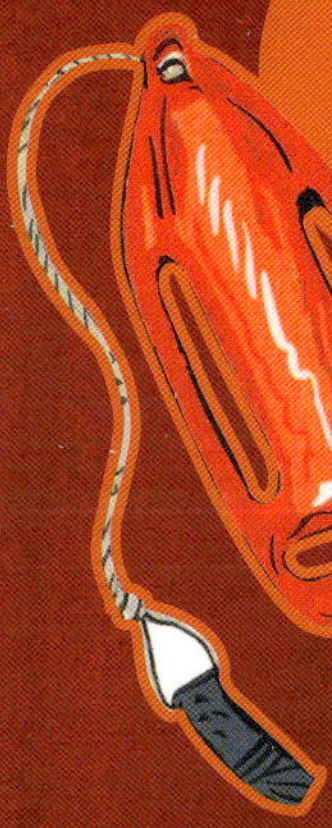

LES ENJEUX DE LA PRÉVENTION

CHAPITRE 3

ZOOM SUR...

PRÉFACE DE L'AMIRAL YVES LAGANE

Le grand mérite du livre d'Odile Clerc et d'Emmanuel Cerisier est de nous présenter de manière très plaisante l'univers complexe et relativement peu connu des sauveteurs en mer. Leur image est pourtant forte. S'il fallait les qualifier en quelques mots, je dirais, au risque de m'exposer à leur critique, que c'est la passion, le bon sens pratique et une grande humilité.

Leur passion partagée, c'est le sens même de leur belle mission. Elle ne s'explique pas. On la lit sur leur visage. Ils tirent leur savoir et leur bon sens pratique d'un long compagnonnage avec leur espace maritime local. Dans la chaussée de Sein, dans les Lavezzi au large de Bonifacio, dans les passes du bassin d'Arcachon, dans les approches mal hydrographiées de Thio sur la côte sud-est de la Nouvelle-Calédonie comme sur tout notre littoral, vous trouverez ces connaisseurs de « leur » mer, de ses particularités, de ses acteurs et de ses dangers. Ils ne sont pas uniquement de bons marins. Ils sont aussi secouristes, sauveteurs aquatiques et capables de conduire et de s'intégrer dans des dispositifs opérationnels de sauvetage complexes.

De leur pratique assidue ils ont aussi appris qu'une solution est rarement transposable d'une opération de secours à l'autre. Ils ne la trouveront décrite dans aucun grand livre. Il leur faut à chaque fois analyser, comprendre, élaborer un plan d'intervention, organiser, décider rapidement et engager leur responsabilité avec détermination, mais humilité. Car on ne défie pas la mer et ils savent qu'elle peut être la plus forte et les contraindre à tout moment à modifier leur plan d'action. Ils ne sont pas donneurs de leçons. Ils sont sans doute l'une des meilleures représentations de ce que l'on appelle le sens marin : la responsabilité d'un engagement personnel qui implique la gestion permanente d'un risque mesuré ; la solidarité nécessaire face à des éléments qui peuvent à chaque instant dépasser les plus expérimentés ; le respect de l'autre et de la mer.

Chapitre 1

Un défi depuis la nuit des temps

LA MER DE TOUS

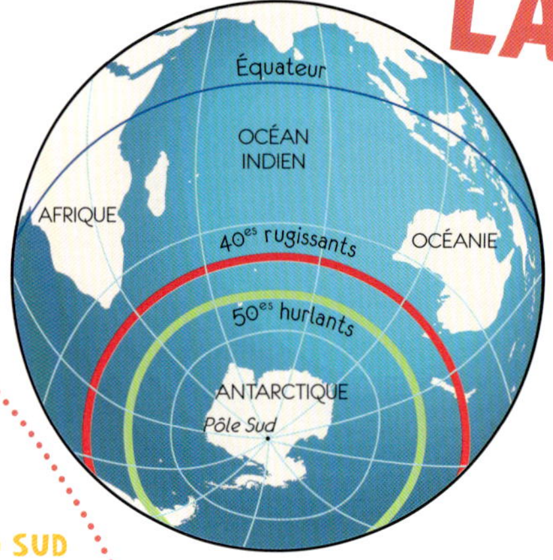

Depuis des millénaires, l'homme navigue sur les mers et les océans au péril de sa vie. Encore aujourd'hui, en dépit des progrès scientifiques et techniques, la mer reste mystérieuse, imprévisible et dangereuse. Malheur à celui qui la nargue sans savoir ce qui l'attend…

LE GRAND SUD

LE SUD DE L'OCÉAN INDIEN EST CONSIDÉRÉ COMME LA ZONE DE NAVIGATION LA PLUS DANGEREUSE AU MONDE. CIRCONSCRITE ENTRE LES 40ES RUGISSANTS ET LES 50ES HURLANTS – LATITUDES SITUÉES RESPECTIVEMENT ENTRE LES 40^{E} ET 50^{E} PARALLÈLES ET ENTRE LES 50^{E} ET 60^{E} PARALLÈLES –, CETTE RÉGION SE CARACTÉRISE PAR DES VENTS D'UNE EXTRÊME VIOLENCE ET UNE MER SOUVENT DÉMONTÉE. POUR LES NAVIGATEURS DES TOURS DU MONDE À LA VOILE, ELLE REPRÉSENTE UN DÉFI PSYCHOLOGIQUE DIFFICILE PAR SON ÉLOIGNEMENT MAXIMAL DES PREMIÈRES TERRES.

La mer

Nul besoin de tsunami ou de raz de marée pour rendre la mer périlleuse. Les récifs — ces rochers invisibles à l'horizon qui affleurent selon les marées —, les courants marins, les marées montantes ou descendantes, les icebergs, la houle, les vagues déferlantes et les embruns qui obscurcissent la vue par temps de tempête sont des risques permanents pour le marin.

La météo

La force du vent, ses changements imprévisibles de direction et d'intensité, les orages, les précipitations et le froid sont autant de sources d'accidents mortels. Sans compter le brouillard qui, même par mer d'huile, représente un danger redoutable. En témoignent les nombreux pêcheurs à la morue au large du Groenland qui n'en sont jamais revenus.

La faune marine

Que ce soit par leur taille — baleines, calmars ou pieuvres géants –, par la toxicité de leur morsure ou de leur piqûre — méduses, raies, murènes, serpents des mers dont le poison est 20 fois plus redoutable que celui du cobra —, ou encore par leur comportement féroce comme celui des requins-tigres, les animaux marins représentent un réel danger en bordure des côtes ou en pleine mer.

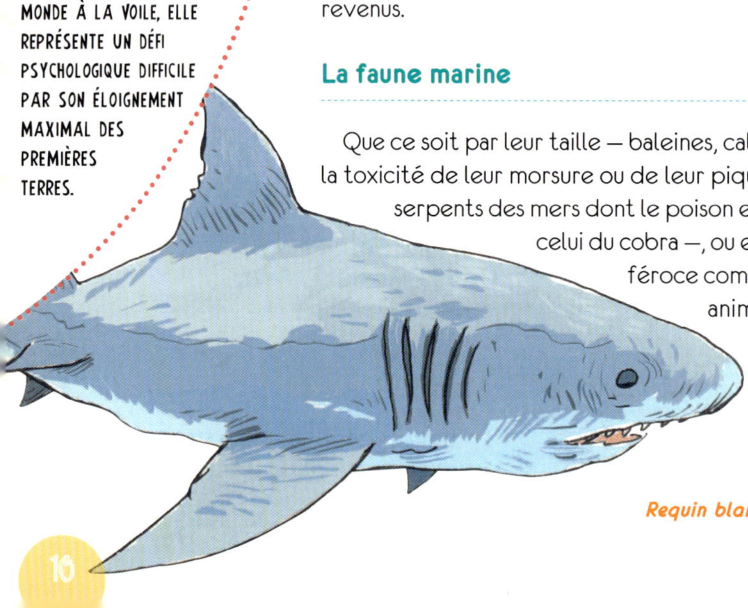

Requin blanc

LES DANGERS

Les embarcations

La conception des bateaux, leur dispositif de sauvetage, la qualité des matériaux, les collisions, le mauvais entretien, les problèmes techniques – voies d'eau, incendies, pannes de moteurs, voiles défectueuses, etc. –, sont une source majeure d'accidents.

LES VAGUES SCÉLÉRATES

VAGUES EXTRÊMES, *FREAK WAVES*, VAGUES MONSTRUEUSES OU VAGUES SCÉLÉRATES, LES TERMES VARIENT POUR DÉSIGNER UNE CATÉGORIE DE VAGUES ENCORE MAL CONNUES. ET POUR CAUSE, ELLES SONT TRÈS RARES ET IMPRÉVISIBLES. POURTANT, ELLES SONT INOUBLIABLES. CEUX QUI EN RÉCHAPPENT RACONTENT UN MUR D'EAU, JUSQU'À 20 M DE HAUT, SE DRESSANT TOUT À COUP DEVANT EUX DANS UNE MER DÉCHAÎNÉE. QUAND LA VAGUE S'ABAT SUR LE PONT, LES DÉGÂTS SONT TERRIBLES. SI LES VAGUES SCÉLÉRATES SONT CONNUES DES MARINS AU LONG COURS DEPUIS DES LUSTRES, LES CHERCHEURS EN OCÉANOGRAPHIE N'ONT PAS ENCORE DE MODÈLE THÉORIQUE POUR LES EXPLIQUER NI POUR LES ANTICIPER. RECHERCHE À SUIVRE…

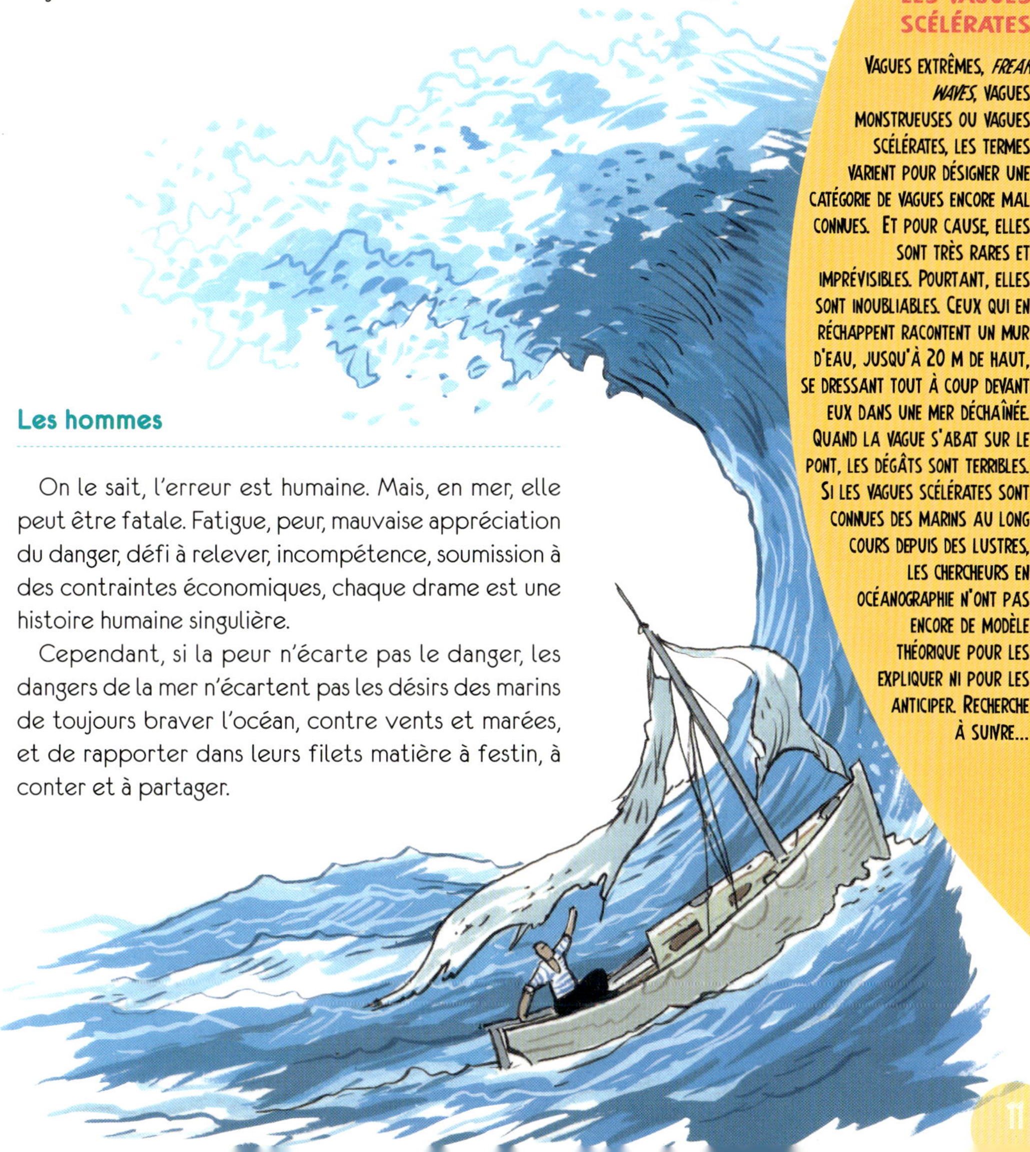

Les hommes

On le sait, l'erreur est humaine. Mais, en mer, elle peut être fatale. Fatigue, peur, mauvaise appréciation du danger, défi à relever, incompétence, soumission à des contraintes économiques, chaque drame est une histoire humaine singulière.

Cependant, si la peur n'écarte pas le danger, les dangers de la mer n'écartent pas les désirs des marins de toujours braver l'océan, contre vents et marées, et de rapporter dans leurs filets matière à festin, à conter et à partager.

Le Titanic

L'*Empress of Ireland*, une réplique du *Titanic*

Deux ans après le drame du *Titanic*, le transatlantique canadien, *Empress of Ireland*, fait naufrage le 29 mai 1914 au large de Rimouski, dans le golfe du Saint-Laurent au Québec. Peu de temps après son départ, le paquebot est percuté par un charbonnier norvégien ; il sombre en seulement 14 minutes. Sur les 1477 passagers, 1012 périront. À qui la faute ? Les explications de l'accident sont encore controversées.

Avec l'intensification des voyages en transatlantiques au début du XXe siècle surviennent les premiers grands naufrages de l'histoire maritime civile. Leur portée est d'autant plus dramatique que le nombre de victimes est considérable.

Le *Titanic*, un naufrage légendaire

Le 10 avril 1912, le *Titanic* – le paquebot britannique le plus sophistiqué et le plus luxueux jamais construit – quitte le port de Southampton en Angleterre en direction de New York avec 2 201 passagers à son bord. Dans la nuit du 14 au 15 avril, il heurte un iceberg au large de Terre-Neuve et coule en moins de 3 heures ; 1 490 personnes périront. Les causes invoquées sont essentiellement d'ordre humain et technique : vitesse probablement trop élevée, mauvaise qualité des rivets de la coque, nombre insuffisant de canots, canots mis à l'eau à moitié vides, etc.

Le succès du film de James Cameron, sorti au cinéma en 1997, a transformé le naufrage du *Titanic* en mythe.

Le *Lusitania*, entre guerre et paix

Le naufrage du *Lusitania*, le 7 mai 1915 au large de l'Irlande, a eu une répercussion mondiale retentissante. Torpillé par un sous-marin allemand, le paquebot transatlantique, alors en route vers les États-Unis, a coulé en moins de 20 minutes, faisant plus de 1 200 victimes civiles, dont une centaine d'Américains. L'opinion américaine, jusqu'alors neutre dans le conflit européen, bascula en faveur de l'entrée des États-Unis en guerre. On apprendra plus tard que le transatlantique transportait du matériel militaire.

DES NAUFRAGES CÉLÈBRES

Oiseau mazouté

Le ferry *Doña Paz*, victime d'un hors-la-loi

Dans la série des catastrophes maritimes civiles, le naufrage du ferry *Doña Paz*, le 21 décembre 1987, est l'un des pires de l'histoire. Ce bateau construit en 1963 était en route vers Manille quand il entra en collision avec un pétrolier au large des Philippines. Le feu s'étendit rapidement sur le ferry. En moins de 2 heures, le navire coula avec ses 1 565 passagers officiels à bord. Selon les sources, il s'agirait plutôt de 4 375 victimes. Après enquête, il s'avère que le pétrolier n'avait plus de licence pour naviguer.

*L'*Endurance *pris dans les glaces*

L'*Erika*, un désatre écologique

Le 12 décembre 1999, le pétrolier maltais *Erika*, affrété par la compagnie Total, fait naufrage au large de la Bretagne avec à son bord 37 000 tonnes de fuel lourd. Si l'équipage, sauvé par la Marine nationale, est sain et sauf, les conséquences sur le plan environnemental sont désastreuses : 20 000 tonnes de fuel dispersées en mer, 400 km de côtes françaises souillées, 150 000 à 300 000 oiseaux marins morts. Outre les mauvaises conditions météo, la forte corrosion du bateau mal entretenu est à incriminer. C'en est trop pour la Bretagne, qui avait déjà payé un lourd tribut avec le naufrage du navire libérien *Amoco Cadiz* en mars 1978, et ses 220 000 tonnes de brut déversées dans l'océan.

L'ODYSSÉE DE L'*ENDURANCE*, HAPPY END !

TOUS LES NAUFRAGES NE FINISSENT PAS EN TRAGÉDIE. L'EXPÉDITION SCIENTIFIQUE BRITANNIQUE MENÉE EN ANTARCTIQUE DE 1914 À 1917 PAR SIR ERNEST SHACKLETON EN TÉMOIGNE. APRÈS LA DISPARITION DU NAVIRE *ENDURANCE* PRIS DANS LES GLACES, LE CAPITAINE PROMET AUX 27 MEMBRES DE SON ÉQUIPAGE DE LES RAMENER SAINS ET SAUFS À BON PORT. CE QU'IL RÉUSSIT À FAIRE APRÈS UNE SÉRIE D'AVENTURES FOLLES ET PÉRILLEUSES. UNE ÉPOPÉE HÉROÏQUE QUI A ÉTÉ PHOTOGRAPHIÉE ET RACONTÉE PAR LE CAPITAINE LUI-MÊME !

LE SAUVETAGE

Pendant plusieurs siècles de navigation, la sécurité en mer a été une préoccupation mineure. Combien aura-t-il fallu de naufrages et de naufragés pour que des dispositifs efficaces de sauvetage se mettent enfin en place ?

UNE LOI ABERRANTE

AVEC SES 16 CANOTS DE SAUVETAGE ET SES 4 RADEAUX PLIABLES INSUBMERSIBLES, LE *TITANIC* CONTENAIT ENVIRON 20 % D'ÉQUIPEMENT DE SAUVETAGE SUPPLÉMENTAIRE PAR RAPPORT À CE QUE LA LOI BRITANNIQUE EXIGEAIT À L'ÉPOQUE. OR, MALGRÉ CE SURPLUS DE MOYENS, SEULEMENT 53 % DES PASSAGERS POUVAIENT ÊTRE SAUVÉS. SI LE PAQUEBOT AVAIT ÉTÉ COMPLET (IL AVAIT UNE CAPACITÉ D'ACCUEIL DE 3547 PASSAGERS), C'EST 33 % DES PASSAGERS QUI AURAIENT PU PRENDRE PLACE ! QUID DES AUTRES ?

Le premier code maritime

Grâce à la reine Aliénor d'Aquitaine, la nécessité de porter secours aux naufragés — habituellement pillés, voire tués car considérés comme des hors-la-loi — est réglementée dès le XIIe siècle à travers un code maritime connu sous le titre *Rôle et lois d'Oléron*. Ces lois s'étendirent en Angleterre, puis en Hollande, en mer Baltique et en mer Méditerranée. Au cours des siècles suivants naîtront des maisons hospitalières de secours, des confréries de pêcheurs, un réseau de garde-côtes sous Louis XIV, etc.

Un équipement de fortune

Cependant, malgré ces tentatives d'organisation à l'échelle locale et nationale, le naufrage et la disparition en mer restent perçus comme une fatalité. Il existe certes au début du XIXe siècle des bouées et des canots de sauvetage, mais les marins qui s'improvisent sauveteurs ne portent pas de gilet de flottaison et leurs embarcations ne sont pas encore insubmersibles. Autant dire des coquilles de noix sur des mers déchaînées.

LES NAUFRAGEURS AU MOYEN ÂGE, LES BIENS ÉCHOUÉS SUR LES CÔTES APPARTENAIENT DE FAIT AU SEIGNEUR LOCAL. DE QUOI ATTISER BIEN DES CONVOITISES. AINSI, DE L'ATTENTE D'UN NAVIRE BRISÉ PAR UNE HASARDEUSE TEMPÊTE À LA PROVOCATION DE SON NAUFRAGE, IL N'Y AVAIT QU'UN PAS DE MOUSSE À FRANCHIR. ET LORSQUE LES NAUFRAGEURS EUX-MÊMES DÉPENDAIENT DES BATEAUX EN PERDITION POUR SURVIVRE, COMME C'ÉTAIT SOUVENT LE CAS SUR L'ÎLE DE SEIN PAR EXEMPLE, LA MOINDRE APPARITION D'UN PAVILLON À L'HORIZON ÉTAIT UNE CHANCE À SAISIR. SUR LA PLAGE, UN FEU ÉTAIT ALLUMÉ POUR TROMPER L'EMBARCATION, SI CELLE-CI SE LAISSAIT PRENDRE AU PIÈGE, LES NAUFRAGEURS LA PILLAIENT. ET PAS DE QUARTIER POUR LES SURVIVANTS DE L'ÉQUIPAGE.

À TRAVERS L'HISTOIRE

Le tournant des années 1820

Première flotte navale mondiale, l'Angleterre fonde en 1824 la première société de sauvetage, la *Royal National Lifeboat Institution*. En France, un an plus tard, la Société humaine et des naufrages voit le jour à Boulogne puis à Dunkerque, à Calais, au Havre et à Dieppe. En 1865, la Société centrale de sauvetage des naufragés est créée afin de disposer d'un réseau national de stations de sauvetage. En 6 ans, 250 navires auront été secourus et 600 personnes sauvées. Les canots, alors insubmersibles, sont propulsés à la voile et à l'aviron. Ils seront équipés de moteur au début du XXe siècle.

Un canot de sauvetage

Vers une harmonie des forces

En 1873, une autre société, la Société des hospitaliers-sauveteurs bretons (S.H.S.B.), est fondée à Rennes. Cette « institution de sauvetage et de sauveteurs, d'assistance mutuelle, de bienfaisance, de moralisation et d'encouragement au bien » se dote de ses propres postes de secours et de canots de sauvetage insubmersibles et à redressement spontané. En 1967, la société centrale de sauvetage des naufragés et la S.H.S.B. fusionneront pour créer la Société nationale de sauvetage en mer, encore opérationnelle aujourd'hui.

DES HÉROS ANONYMES

NI ÉCOLE NI FORMATION POUR INTERVENIR EN MER. LES GRANDES FIGURES DU SAUVETAGE EN MER NE SONT AUTRES QUE DES PÊCHEURS QUI, GRÂCE À LEUR SAVOIR-FAIRE ET À LEURS CONNAISSANCES DU MILIEU MARIN LOCAL, APPORTENT, SOUVENT AU PÉRIL DE LEUR VIE, UN SECOURS INDÉFECTIBLE AUX MALHEUREUX EN DÉTRESSE. EN RÉCOMPENSE DE LEURS EFFORTS SANS LIMITES, LES CANOTIERS REÇOIVENT LES HONNEURS QU'ILS MÉRITENT : LÉGION D'HONNEUR, MÉDAILLES ET DIPLÔMES DU MINISTÈRE DE LA MARINE, PRIX DE LA SOCIÉTÉ CENTRALE DE SAUVETAGE DES NAUFRAGÉS OU ENCORE DES DONATIONS.

Médaille d'honneur du ministère de la Marine

CONTES ET

De nombreuses œuvres littéraires ou artistiques tirent leur origine de récits de naufrages, de naufragés et d'aventures périlleuses et extraordinaires. Entre fiction et réalité, elles racontent l'univers de la mer dans sa dure réalité.

LA LÉGENDE DE JONAS

SELON L'ANCIEN TESTAMENT, LE PROPHÈTE JONAS, JUGÉ RESPONSABLE D'UNE GROSSE TEMPÊTE POUR AVOIR DÉSOBÉI À DIEU, EST JETÉ À L'EAU PAR SES MATELOTS. IL EST ALORS SAUVÉ DES FLOTS PAR UN GRAND POISSON QUI L'AVALE. IL RESTERA ENGLOUTI DURANT 3 JOURS ET 3 NUITS AVANT D'ÊTRE RÉGURGITÉ SUR LE RIVAGE. EN ÉCHO À CETTE LÉGENDE, JONAS QUALIFIE CELUI QUI PORTE MALCHANCE À UN NAVIRE.

Moby Dick

Le roman *Moby Dick*, écrit en 1851 par l'écrivain américain Herman Melville, un ancien marin reconverti à l'écriture, raconte la quête effrénée du capitaine Achab à la recherche de Moby Dick, un cachalot blanc qui lui a un jour arraché une jambe et dont il voudrait se venger. À l'origine de cette aventure romanesque, deux récits réels ont inspiré l'auteur : le naufrage d'un baleinier en 1820 à la suite d'une collision avec un grand cachalot dans le Pacifique et Mocha Dick, le nom d'un cachalot – reconnaissable à sa couleur blanche –, qui donnait du fil à retordre aux chasseurs de baleine au large du Chili.

Sinbad le marin

Sinbad le marin est tiré des *Contes des mille et une nuits*. Un jour, Hindbad, un pauvre porteur se lamentant de son destin devant la maison d'un riche propriétaire, est invité à la table de Sinbad le marin, le propriétaire des lieux. Sinbad se met alors à lui conter ses 7 voyages fantastiques en mer au cours desquels il a bravé mille dangers lui apportant richesse et sagesse. Ces contes sont inspirés de véritables histoires de marins, de contes anciens, dont l'*Odyssée* d'Homère, et de légendes perses et indiennes.

LE *VAISSEAU FANTÔME* CÉLÈBRE OPÉRA DE WAGNER CRÉÉ EN 1843, IL MET EN MUSIQUE UNE ŒUVRE DU POÈTE ALLEMAND HEINRICH HEINE INSPIRÉE D'UNE LÉGENDE QUI A BEAUCOUP FRAPPÉ LES ESPRITS AU COURS DU XIXe SIÈCLE. UN NAVIRE HOLLANDAIS PRIS DANS UNE VIOLENTE TEMPÊTE PRÈS DU CAP DE BONNE-ESPÉRANCE SE TROUVE CONDAMNÉ À ERRER SUR LES EAUX POUR AVOIR OSÉ DÉFIER LE CIEL. MALHEUR AU NAVIRE QUI LE CROISERA !

LÉGENDES

Sauvé par un dauphin

Hérodote, un auteur grec du Ve siècle av. J.-C., raconte l'aventure d'Arion de Méthymne, un musicien et poète qui aurait vécu au VIIe siècle av. J.-C.

Arion vivait en Grèce quand il décida de partir en Italie où il fit fortune. Lorsqu'il revint en bateau dans son pays natal, Arion fut jeté à la mer par les matelots qui voulaient le voler. Mais avant de passer par-dessus bord, il parvint à jouer de la cithare, et ainsi attira un dauphin qui le secourut. L'animal mena Arion jusqu'au port où il vécut heureux le restant de ses jours.

Naufrage de La Sémillante

LE RADEAU DE LA MÉDUSE

LE RADEAU DE LA MÉDUSE (1819), CÉLÈBRE TABLEAU DE THÉODORE GÉRICAULT EXPOSÉ AU LOUVRE À PARIS, RELATE LA FUNESTE DÉRIVE D'UN RADEAU SUR LEQUEL SE SONT ENTASSÉS LES SURVIVANTS DU NAUFRAGE DE LA *MÉDUSE*, UNE FRÉGATE FRANÇAISE, ACCIDENTÉE EN 1816 AU LARGE DE LA MAURITANIE.

Les naufrages en littérature

Publié en 1852, le livre d'Alexandre Dumas, *Les Drames de la mer*, est un recueil de véritables histoires maritimes. Tempêtes, naufrages, cannibalisme, tout y est pour frissonner comme si l'on y était.

Le naufrage du navire *La Sémillante*, qui transportait 700 passagers dont une troupe de 400 soldats français pendant la guerre de Crimée en 1855, fera l'objet d'une nouvelle écrite par Alphonse Daudet : *L'Agonie de La Sémillante*. Elle sera publiée en 1869 dans *Les Lettres de mon moulin*.

Chapitre 2

Le sauvetage en mer aujourd'hui

UN ENJEU MONDIAL

Avec la mondialisation, l'intensification des échanges commerciaux par la mer et le transport de produits dangereux, le sauvetage en mer est une affaire internationale. La coordination des moyens de secours et l'harmonisation des dispositifs d'alerte représentent un enjeu capital.

Le devoir d'assistance et de secours

En vertu des obligations prescrites par le droit international de la mer, le capitaine d'un navire doit prêter secours dans les meilleurs délais à toute personne en détresse en mer, quels que soient sa nationalité, son statut et les circonstances du naufrage. Ce devoir d'assistance et de secours concerne aussi bien le commandant d'un pétrolier que le navigateur en pleine régate ou le plaisancier du dimanche.

Les risques actuels majeurs

Avec l'intensification des échanges maritimes à travers le monde – 80 à 85 % des échanges commerciaux se font par mer –, les risques majeurs de naufrage concernent aujourd'hui les vraquiers (transport de grain, charbon, minerai), les chimiquiers, les pétroliers, les traversiers et les paquebots de croisière. Les dégâts environnementaux – nappe pétrolière, déversement de produits toxiques, dégazage, etc. –, sont devenus des préoccupations centrales.

IMMIGRATION CLANDESTINE À HAUTS RISQUES

SELON LES ESTIMATIONS D'UNE O.N.G. HOLLANDAISE, 13500 PERSONNES ONT PÉRI EN TENTANT DE REJOINDRE LES CÔTES EUROPÉENNES PAR LA MER DEPUIS 1993. CE NOMBRE, QUI NE TIENT PAS COMPTE DES NAUFRAGES SURVENUS AILLEURS DANS LE MONDE ET DES DÉCÈS NON RÉPERTORIÉS, EST CERTAINEMENT BIEN INFÉRIEUR À LA RÉALITÉ. FACE À CETTE TRAGÉDIE CONNUE DE TOUS, L'ONU RAPPELLE RÉGULIÈREMENT AUX NAVIRES DE TOUS PAVILLONS LE CODE DU DROIT DE LA MER : LE SAUVETAGE EST UN DEVOIR, Y COMPRIS ENVERS LES IMMIGRÉS CLANDESTINS.

Canot de réfugiés

L'Europe au cœur du trafic mondial

Port de Rotterdam

Depuis 2009, la route maritime reliant l'Asie et l'Union européenne a dépassé en volume d'échanges la route transpacifique (Asie - États-Unis). L'Europe se trouve alors exposée au fret maritime le plus dense de la planète et, par voie de conséquence, aux risques de naufrage les plus importants. Le port de Rotterdam, aux Pays-Bas, représente à lui seul 10 % du volume de marchandises chargées et déchargées dans tous les ports d'Europe, autant que le tonnage total entrant et sortant des ports français.

Les zones de recherche et de sauvetage

Selon les conventions de droit international, les mers et océans sont divisés en zones de recherche et de sauvetage, chacune étant confiée à un M.R.C.C. (*Maritime Rescue Coordination Center*), au sein desquelles les États riverains collaborent afin de mettre à disposition des navires en détresse des moyens de sauvetage efficaces. Dans son application, cette loi diffère d'un pays à l'autre.

Si les États-Unis et la Grande-Bretagne fonctionnent selon un schéma proche de celui de la France où plusieurs zones de recherche et de sauvetage coexistent, il n'en va pas de même partout ailleurs. Par exemple, en Italie, en Grèce ou en Russie, il n'existe qu'un M.R.C.C. pour tout le pays en dépit de l'étendue des côtes.

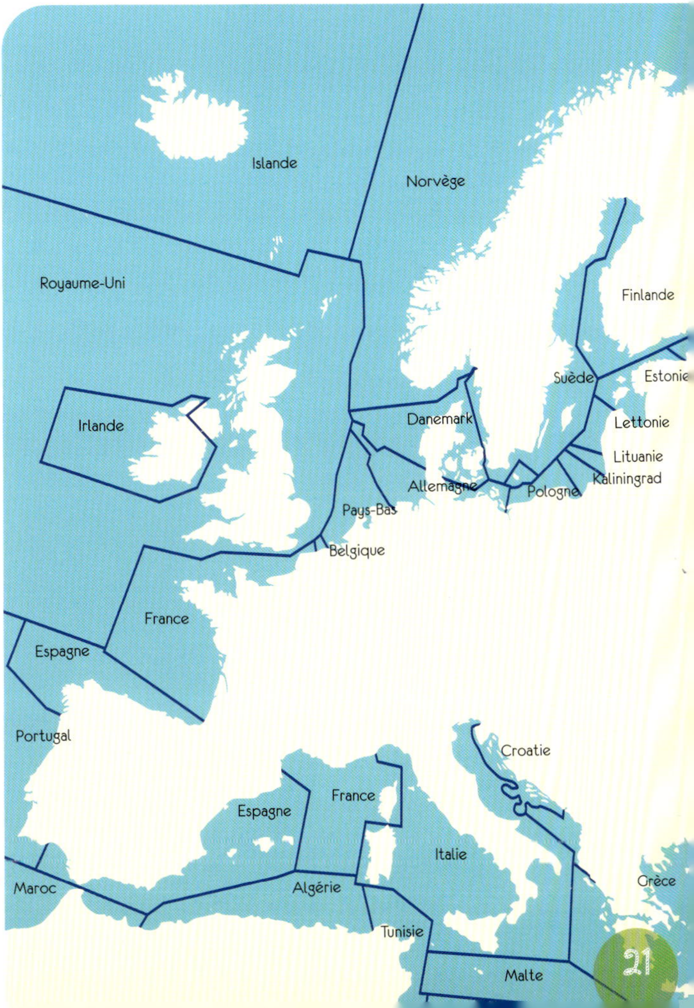

Aires maritimes de recherche et de sauvetage en Europe

COMMENT ÇA MARCHE ?

L'organisation du sauvetage en mer français s'appuie sur un dispositif de surveillance assidue du trafic maritime.

Une nécessité impérieuse

La France se distingue par sa position géographique à hauts risques. En effet, le Pas-de-Calais est le détroit international le plus fréquenté au monde : chaque année, 90 000 navires de tous types, dont 50 000 transportant quotidiennement 90 000 tonnes de substances dangereuses et 320 000 tonnes d'hydrocarbures, naviguent sur une autoroute maritime de moins de 40 km de large. Les traversées par ferries entre la France et l'Angleterre et l'activité de pêche rendent la circulation dans le détroit encore plus périlleuse à cause des risques de collisions entre bateaux.

La mer Méditerranée n'est pas en reste, elle concentre 25 % du trafic maritime mondial dont 30 % du trafic pétrolier.

HARMONISATION EUROPÉENNE

SITUÉE À LISBONNE AU PORTUGAL, L'AGENCE EUROPÉENNE POUR LA SÉCURITÉ MARITIME (A.E.S.M.) EXISTE DEPUIS 2003. ELLE A POUR OBJECTIF DE RENFORCER LE DISPOSITIF DE SÉCURITÉ MARITIME DANS LES EAUX DE LA COMMUNAUTÉ EUROPÉENNE. ELLE PARTICIPE AUX CÔTÉS DE L'O.M.I. (L'ORGANISATION MARITIME INTERNATIONALE) AU DÉVELOPPEMENT À GRANDE ÉCHELLE D'UN SYSTÈME D'IDENTIFICATION DE NAVIRES, LE L.R.I.T. (*LONG RANGE OF IDENTIFICATION AND TRACKING OF SHIPS*).

Les centres de recherche et de sauvetage

La France compte 5 centres de recherche et de sauvetage appelés Cross (Centre régional opérationnel de surveillance et de sauvetage), appellation française des M.R.C.C. : le Cross Gris-Nez, le Cross Jobourg, le Cross Corsen, le Cross Étel et le Cross La Garde. Un centre régional secondaire est situé en Corse, un autre aux Antilles.

Outre leur mission d'intervention en cas de naufrage, les Cross veillent sur la navigation maritime, la pollution en mer et la surpêche. Ils collaborent entre eux et avec les autres centres de sauvetage internationaux (M.R.C.C.) dans le cadre des conventions du droit de la mer.

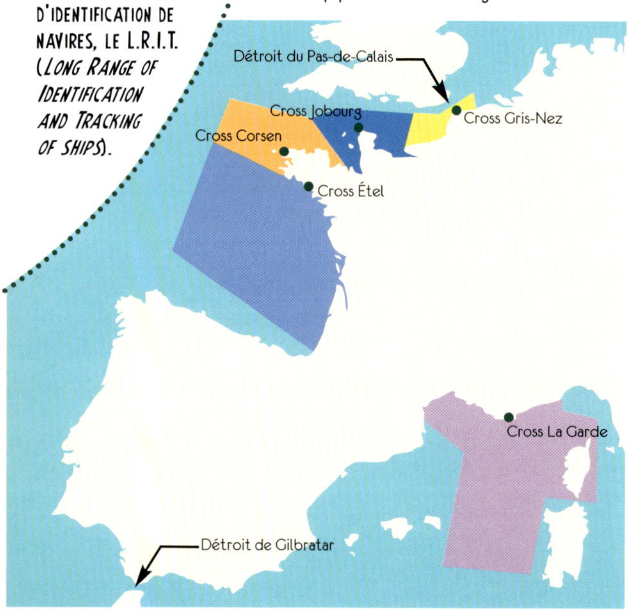

Les 5 CROSS français et les détroits du Pas-de-Calais et de Gibraltar

Le sémaphore de Fouras

Le réseau des sémaphores

Les sémaphores sont des postes de surveillance basés sur le littoral, destinés à communiquer avec les navires, initialement par signaux optiques. Aujourd'hui, les missions des sémaphores englobent la réception des messages de détresse, la communication avec les Cross et la surveillance de la navigation, de la pollution maritime et des activités de pêche. Ils se chargent également d'informer les navigateurs de l'état de la mer, de la météo ou de tout autre danger. Les sémaphores font partie du patrimoine de la Marine nationale.

Surveiller la mer

Grâce au système informatique de surveillance Spationav, qui centralise les informations en provenance des sémaphores, des bateaux et d'éventuels aéronefs, il est possible de connaître en temps réel l'état du trafic en mer. Ce système d'information, doté d'outils d'aide à la décision, permet de communiquer les données aux différentes administrations impliquées dans la sécurité du pays, douanes et autorités portuaires, Cross et Marine nationale.

LE SYSTÈME D'AUTO-IDENTIFICATION DES NAVIRES

LE SYSTÈME D'IDENTIFICATION AUTOMATIQUE A.I.S., (*AUTOMATIC IDENTIFICATION SYSTEM*) EST UN DISPOSITIF D'INFORMATIONS TRANSMISES PAR RADIO V.H.F. QUI PERMET DE CONNAÎTRE À TOUT MOMENT L'IDENTITÉ DES NAVIRES, LEUR VITESSE, LEUR DIRECTION, LEUR STATUT ET LEUR POSITION DANS UNE ZONE DE NAVIGATION DONNÉE. LES PÉTROLIERS ET TOUS LES NAVIRES DE MOINS DE 50 000 TONNES BRUTES DOIVENT EN ÊTRE ÉQUIPÉS DEPUIS 2004.

LE DISPOSITIF

Une fois alertés, les centres régionaux de sauvetage (Cross) se coordonnent avec la Société nationale de sauvetage en mer (S.N.S.M.) ou avec les administrations de l'État pour mettre à disposition des navires et des naufragés les moyens de sauvetage nécessaires.

Le rôle du préfet maritime

Le préfet maritime, placé sous l'autorité directe du secrétariat général de la Mer, est responsable de la sécurité maritime dans une zone définie : la Manche et la mer du Nord sont sous la surveillance de la préfecture maritime de Cherbourg, l'Atlantique sous celle de Brest et la Méditerranée sous la surveillance de la préfecture maritime de Toulon. Décisionnaire, le préfet prend les initiatives qu'il juge nécessaires ou délègue l'ensemble des opérations de sauvetage aux directeurs des Cross. Ces derniers, selon la nature et la gravité de l'accident, font appel à la solidarité des navires présents sur la zone (25 %), à la S.N.S.M. (50 %), à la Marine nationale ou aux moyens des autres administrations pour venir en aide aux naufragés.

LES DOM-TOM

LES DÉPARTEMENTS ET TERRITOIRES D'OUTRE-MER, QUI REPRÉSENTENT UNE SUPERFICIE DE 11 MILLIONS DE KM^2 À COUVRIR, SONT DIVISÉS EN PLUSIEURS ZONES DE RECHERCHE (M.R.C.C.) DISTINCTES : ANTILLES-GUYANE, RÉUNION, POLYNÉSIE FRANÇAISE-TAHITI, NOUVELLE-CALÉDONIE, SAINT-PIERRE-ET-MIQUELON ET MAYOTTE. EN L'ABSENCE DE PRÉFETS MARITIMES, LES FONCTIONS DE SAUVETAGE SONT EXERCÉES PAR LE DÉLÉGUÉ DU GOUVERNEMENT POUR L'ACTION DE L'ÉTAT EN MER, ASSISTÉ D'UN COMMANDANT ISSU DE LA MARINE.

La S.N.S.M.

La Société nationale de sauvetage en mer, appelée aussi « les sauveteurs en mer », est une association à but non lucratif née en 1967 de la fusion de la Société centrale de sauvetage des naufragés et de la Société des hospitaliers-sauveteurs bretons. Elle regroupe 7 000 bénévoles et gère 223 stations de sauvetage et 237 postes de secours en métropole et outre-mer. Les stations de sauvetage sont opérationnelles toute l'année, à l'exception d'une quarantaine ouvertes seulement en période estivale. La S.N.S.M. participe à la moitié de tous les des sauvetages en mer en France.

OPÉRATIONNEL

Une opération de sauvetage en mer

Les administrations

Les Cross s'appuient également sur les moyens maritimes de l'État pour intervenir : Affaires maritimes, Marine nationale, gendarmerie nationale, douanes et sapeurs-pompiers. Selon l'importance du naufrage, les hélicoptères et les remorqueurs de la Marine nationale, les vedettes de la gendarmerie ou les canots pneumatiques des sapeurs-pompiers seront sollicités. La Fédération nationale de protection civile, une association regroupant 32 000 secouristes bénévoles, assure également un renfort de secours auprès des administrations en cas de catastrophes majeures telles que le naufrage de l'*Erika*.

La fonction de garde-côtes

Alors qu'aux États-Unis les garde-côtes sont un corps d'État chargé du sauvetage en mer, le Centre opérationnel de la fonction des garde-côtes en France a pour missions d'informer le gouvernement, de réaliser des analyses et des synthèses et de favoriser la coopération internationale. Elle est placée sous l'autorité du secrétariat général de la Mer.

LA SURVEILLANCE DES PLAGES

LA SURVEILLANCE DES PLAGES ET DES EAUX DE BAIGNADE – JUSQU'À 300 M AU LARGE – DÉPEND DE L'AUTORITÉ DU MAIRE DES COMMUNES DES BORDS DE MER. ELLE PEUT ÊTRE PRISE EN CHARGE PAR DIFFÉRENTES STRUCTURES TELLES QUE LES SAPEURS-POMPIERS, LES C.R.S. DE LA POLICE OU LES NAGEURS-SAUVETEURS DE LA S.N.S.M.

Un poste de secours

Bouée

Une vedette de la S.N.S.M.

La S.N.S.M., la Marine nationale et les administrations de l'État disposent chacune de leur propre flotte. Leur coopération est souvent nécessaire pour mener à bien une opération de sauvetage.

Les embarcations de la S.N.S.M.

La S.N.S.M. dispose d'une flotte d'environ 600 embarcations de sauvetage, composée de canots tous temps insubmersibles et autoredressables, de vedettes, de Jet-skis et de Zodiac. Présents dans presque tous les ports de métropole et d'outre-mer, les bateaux sont facilement reconnaissables : la superstructure est orange, la coque des vedettes est bleue et celle des canots est verte. Ces embarcations sont essentiellement affectées au sauvetage des bateaux de pêche et de plaisance à proximité du littoral.

AUTRES MOYENS DE SAUVETAGE

LA GENDARMERIE NATIONALE, LES DOUANES FRANÇAISES, LES SAPEURS-POMPIERS OU ENCORE LES NAGEURS-SAUVETEURS ONT LEURS PROPRES EMBARCATIONS : AVIONS BITURBINES AVEC SYSTÈME DE DÉTECTION DE POLLUTION MARITIME, HÉLICOPTÈRES ÉCUREUIL, PATROUILLEURS, VEDETTES DE SURVEILLANCE CÔTIÈRE, EMBARCATIONS PNEUMATIQUES, JET-SKIS, FILINS, ETC.

Les moyens de la Marine nationale

La Marine nationale consacre environ 150 jours et 800 heures de vol par an dans le cadre de sa mission de secours et d'assistance en mer. En 2010, elle a secouru 672 personnes. Remorqueurs, patrouilleurs et hélicoptères de service public sont ainsi régulièrement sollicités pour repérer des navires en détresse, évacuer un blessé, poser un barrage antipollution, etc.

• Les Abeilles

En cas d'incidents ou d'accidents de cargos, les remorqueurs Abeilles affrétés par la Marine nationale entrent en action. Positionnés à Brest, Cherbourg, Dunkerque et Toulon, les 5 remorqueurs français sont prêts

LES MOYENS TECHNIQUES

Un hélicoptère Caïman de la Marine nationale en train d'hélitreuiller un naufragé

à intervenir 24 h/24 à proximité du littoral ou dans les eaux internationales, à plus de 200 milles des côtes, pour assister les navires en détresse.

• Les hélicoptères

Les hélicoptères de service public — appareils Dauphin et EC 225 remplacés en 2012 par Caïman — sont sollicités en cas d'évacuation urgente. Cette situation concerne le plus souvent des blessés devant être acheminés vers l'hôpital le plus proche. Selon les besoins, une équipe médicale se rend sur un navire ; elle est alors hélitreuillée, tout comme les blessés hissés dans une civière, en fonction de leur état, ou dans une sangle (le filet *Billy Pugh* n'est utilisé que pour les enfants qu'on ne peut transporter autrement).

• Les bâtiments antipollution

Le Ceppol, Centre d'expertises pratiques de lutte antipollution, est en charge de la sécurité environnementale de notre littoral. Ses moyens techniques d'intervention comprennent, outre des avions et hélicoptères de repérage, 4 bâtiments de soutien, d'assistance et de dépollution (appelés B.S.A.D.) affrétés par la Marine nationale ; ils sont assistés par des bâtiments de soutien de région (les B.S.R.) de la Marine nationale. Leurs stratégies d'intervention — dispersion chimique des produits, confinement ou récupération de la pollution — dépendent de la nature de l'accident.

LA FLOTTE EUROPÉENNE ANTIPOLLUTION

POUR RÉPONDRE À SA MISSION DE LUTTE ET DE PRÉVENTION CONTRE LA POLLUTION, L'AGENCE EUROPÉENNE DE SÉCURITÉ MARITIME S'EST DOTÉE D'UNE FLOTTE DE 16 NAVIRES AFFRÉTÉS, POSITIONNÉS EN MÉDITERRANÉE, ATLANTIQUE, MER DU NORD, MANCHE, MER BALTIQUE ET MER NOIRE. L'AGENCE ORGANISE PARALLÈLEMENT DES OPÉRATIONS DE SURVEILLANCE DE POLLUTION MARITIME À PARTIR D'AÉRONEFS APPARTENANT AUX DOUANES OU AUX GARDE-CÔTES DES PAYS MEMBRES.

Le bâtiment de soutien de région B.S.R. Gazelle de la Marine nationale met à l'eau un barrage afin de limiter la dispersion de la pollution.

LES ÉQUIPEMENTS

La survie en mer en cas de naufrage dépend essentiellement des équipements individuels et collectifs dont dispose le bateau. Depuis le naufrage du *Titanic*, ceux-ci sont réglementés par des conventions internationales.

La réglementation internationale

La convention internationale Solas, dont la première version date de 1914, définit les normes des navires en matière d'équipement de survie. Depuis 2008, le matériel de sécurité obligatoire à embarquer sur les bateaux de plaisance (à usage personnel et inférieurs à 24 m) dépend du type de navigation. L'équipement est « basique » pour des distances inférieures à 2 milles autour d'un point de mouillage, « côtier » pour des courses entre 2 et 6 milles et « hauturier » pour de la navigation au long cours.

Les chaînes Sar

EN CAS D'UNE ALERTE D'UN HOMME À LA MER, LES AVIONS DE PATROUILLE ET DE SURVEILLANCE MARITIME ET LES HÉLICOPTÈRES DE LA MARINE NATIONALE LARGUENT UNE CHAÎNE SAR (*SEARCH AND RESCUE*) AU NAUFRAGÉ. LE CONTENEUR COMPORTE UN CANOT DE SAUVETAGE PNEUMATIQUE AUTOGONFLANT, UNE RADIO V.H.F. ET DU MATÉRIEL DE SURVIE (MÉDICAMENTS, EAU, NOURRITURE).

Un radeau de survie de 150 personnes

Les équipements de sauvetage collectifs

Selon le règlement, le nombre de places dans des canots de sauvetage ou radeaux de survie doit être supérieur au nombre de passagers d'un navire.

• Les radeaux de survie côtiers ou hauturiers sont des embarcations gonflables, ouvertes ou fermées, de taille variable et conçues pour 4 jusqu'à 150 personnes. Ils sont entreposés sur le pont d'un navire dans des coques fermées ou dans un sac. Les radeaux, jetés à l'eau, se gonflent automatiquement.

Un radeau de survie de 6 personnes

DE SAUVETAGE

Un bateau de secours sur bossoir

Tir d'un feu de détresse

• Les canots de secours, petits bateaux à coque dure ou gonflables entreposés sur chaque bord du pont d'un navire, sont munis d'un moteur hors-bord. Ils sont déposés sur l'eau à l'aide de bossoirs ou largués en chute libre dans la mer.

Le matériel de signalisation de détresse

Le matériel obligatoire de signalisation que les bateaux hauturiers doivent posséder comporte essentiellement une balise de détresse 406 MHz avec G.P.S. intégré, des fusées à main et à parachute, un poste radio V.H.F. branché sur le canal 16, un pavillon de détresse N et C, un cerf-volant de détresse Davis, une corne de brume à gaz, des fumigènes orange, des lampes torches, un miroir de signalisation, etc. La majorité des accidents ayant lieu la nuit, la balise et la radio V.H.F. restent les moyens les plus sûrs pour avertir rapidement les secours.

LA COUVERTURE DE SURVIE

LA COUVERTURE DE SURVIE – UN FILM EN POLYESTER DORÉ SUR UNE FACE ET ARGENTÉ SUR L'AUTRE – EST UTILE EN CAS D'ACCIDENT D'UN PASSAGER. ISOTHERMIQUE ET IMPERMÉABLE, ELLE PERMET DE LUTTER CONTRE LA DÉPERDITION DE CHALEUR ET DE SE PROTÉGER DU VENT ET DE L'EAU. LE CÔTÉ DORÉ EST À PLACER CONTRE LE CORPS POUR CONSERVER AU MIEUX LA CHALEUR.

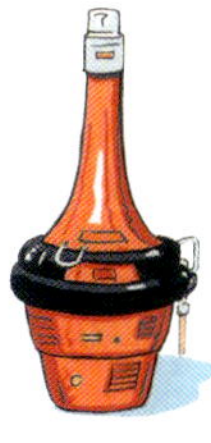

Balise de détresse

Feux de détresse

Cerf-volant Davis

Corne de brume à gaz

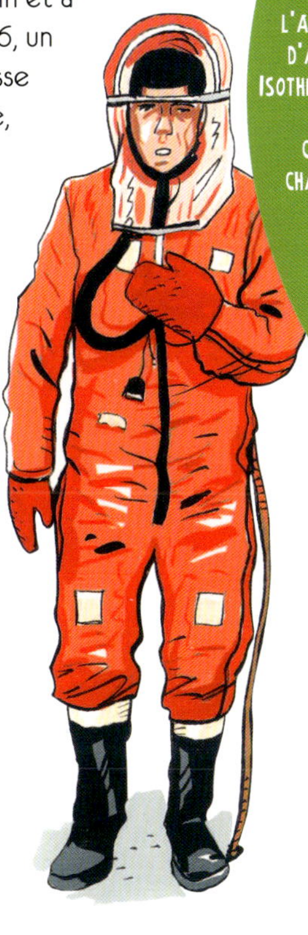

Combinaison de survie

COÛTS ET

Sauver un homme en péril et préserver ses biens matériels font appel à deux articles différents du droit maritime. Le premier service est gratuit et obligatoire, l'autre est payant et facultatif.

La vie n'a pas de prix

Depuis la convention internationale de 1910, le sauvetage des personnes en détresse est gratuit : le rescapé n'a rien à débourser et le sauveteur rien à réclamer, même si l'opération de sauvetage a nécessité le déploiement de moyens techniques et humains importants, tels qu'une recherche en avion, l'hélitreuillage d'un équipage par hélicoptère, le déplacement d'une équipe médicale, etc.

Un débat en cours

Le principe de gratuité, reconnu au niveau international, est cependant régulièrement débattu car les opérations de sauvetage ont un coût élevé et les risques de naufrage ont fortement augmenté avec la hausse du commerce maritime, la concentration des échanges dans des zones critiques et le tourisme de masse. Ainsi, depuis le début des années 1990, les dépenses de la Marine nationale en matière de secours en mer ont pratiquement doublé. La facture est à la charge de la collectivité.

LES TARIFS DE LA S.N.S.M.

SI L'AIDE AUX NAUFRAGÉS EST GRATUITE, LE SECOURS DES EMBARCATIONS EST UN SERVICE PAYANT DÈS LORS QU'IL NÉCESSITE LA SORTIE D'UN BATEAU. LES COÛTS D'ASSISTANCE SONT FIXÉS PAR LE MINISTÈRE DES TRANSPORTS : LA SORTIE EN MER D'UN CANOT TOUS TEMPS COÛTE ENTRE 275 ET 395 EUROS DE L'HEURE ; CELUI D'UNE VEDETTE ENTRE 110 ET 260 EUROS DE L'HEURE. LE FORFAIT DE RAPATRIEMENT D'UNE PLANCHE À VOILE COÛTE 90 EUROS.

Avion à la recherche d'un bateau de pêche

RÉGLEMENTATION

Assistance aux biens

Si la vie des hommes n'a pas de prix, il n'en va pas de même de leurs biens matériels. Le sauvetage d'un navire et de sa cargaison est un service payant et facultatif.

Dans le cas d'un contrat d'assistance à un navire en détresse, l'accord passé entre l'assistant et l'assisté stipule que la rémunération du service n'est effective que si l'opération de sauvetage réussit. C'est le principe *no cure, no pay*. Le montant de la rémunération, dépendant des difficultés du sauvetage, des moyens mis en œuvre, de la valeur du bateau et de sa cargaison (entre 2 % et 60 % de la valeur totale) peut être très élevé.

Remorquage

Contrat de remorquage

Si le capitaine du bateau en détresse considère qu'il n'a pas besoin d'assistance, il peut faire appel à une compagnie privée qui lui proposera un contrat commercial de remorquage, solution moins onéreuse que l'assistance. Cependant, au cas où le navire en difficulté ne trouve aucune solution rapide, il doit accepter les conditions de prise en charge par les remorqueurs Abeilles de la Marine nationale qui patrouillent en mer, quitte à payer le prix fort. Le préfet maritime détient en effet le droit de mettre en demeure l'armateur du navire en détresse afin de faire cesser rapidement les dangers qu'il fait peser sur les autres bateaux et sur l'environnement

LE COÛT DU SAUVETAGE EN OUTRE-MER

LA POLYNÉSIE FRANÇAISE, AVEC SON TERRITOIRE GRAND COMME L'EUROPE, ENREGISTRE DES COÛTS DE SECOURS EN MER TRÈS IMPORTANTS. EN EFFET, EN CAS D'ALERTE, LE RECOURS AUX MOYENS AÉRIENS EST SOUVENT INÉVITABLE, VU L'ÉTENDUE DE LA ZONE DE RECHERCHE DE PAPEETE. SACHANT QU'UNE HEURE DE VOL COÛTE ENTRE 6000 ET 12 000 EUROS SELON L'AÉRONEF ET QUE LA DURÉE MOYENNE D'UNE INTERVENTION DE SAUVETAGE EST DE 12 HEURES, LA FACTURE ANNUELLE PRISE EN CHARGE PAR LA COLLECTIVITÉ FRANÇAISE EST SALÉE !

ALERTE ET

Consultation médicale par radio

Sur la plage, dans l'eau ou dans un bateau, un accident peut vite arriver. Bien réagir permet de limiter les dégâts.

Les appels d'urgence

Le 112 : les secours en zone européenne
Le 15 : le Samu pour tout problème d'urgence médicalisée
Le 17 : la gendarmerie pour tout problème de sécurité
Le 18 : les sapeurs-pompiers pour tout accident ou incendie
Signal pan pan par V.H.F.
Canal 16 de la radio V.H.F.

Les premiers secours

Selon la Croix-Rouge française, les premiers secours, en mer, sur terre ou en montagne, consistent en 4 étapes que tout secouriste respecte scrupuleusement : sécuriser le lieu de l'accident et la victime, évaluer son état général, alerter les pompiers ou le Samu et dispenser éventuellement les premiers gestes de secours si cela est possible. Dans tous les cas, se protéger du danger, contrôler ses émotions et rassurer la victime sont les rudiments des premiers secours.

Consultation médicale à distance

Lorsqu'un accident survient en pleine mer, le Centre de consultation médicale maritime de l'hôpital Purpan à Toulouse réalise des diagnostics à distance. Le centre est contacté par le Cross qui aura reçu l'alerte. Il organise alors une conversation téléphonique avec le médecin urgentiste du centre et le bateau en péril afin d'évaluer si une évacuation s'avère nécessaire. Selon les situations, la consultation peut se limiter à un diagnostic, un avis médical ou à l'ordonnance d'un traitement en fonction des médicaments disponibles à bord.

Des navires-hôpitaux pour pêcheurs

Les navires-hôpitaux sont traditionnellement des paquebots reconvertis en hôpitaux par les marines militaires pour venir en aide aux victimes

Le Juan de la Cosa, navire-hôpital espagnol

de guerre pendant les conflits. Parmi eux, les navires *Espoir de la mer* et *Juan de la Cosa* font exception. En effet, ces deux bateaux espagnols naviguent depuis 4 ans dans l'Atlantique nord au moment de la haute saison de la pêche afin d'assister les pêcheurs en détresse. Équipés entre autres d'un bloc opératoire, d'une salle de soins intensifs, d'un laboratoire et d'une liaison satellite avec l'hôpital des Armées à Madrid, ces hôpitaux flottants répondent à toutes les situations d'urgence auxquelles les pêcheurs peuvent être confrontés.

FORMATION DES PREMIERS SECOURS

LA CROIX-ROUGE FRANÇAISE PROPOSE DES FORMATIONS AUX PREMIERS SECOURS OUVERTES À TOUS. ON Y DÉCOUVRE LES BONS RÉFLEXES À ACQUÉRIR EN CAS D'ACCIDENT DE TOUTE NATURE ET LES GESTES DE PREMIERS SECOURS À CONNAÎTRE. UN MINIMUM QUE CHACUN DEVRAIT SAVOIR POUR AGIR VITE ET BIEN EN CAS DE BESOIN.

Caisson de recompression

Accidents de plongée

La plongée représente la deuxième cause de mortalité en mer après la baignade (même si c'est très variable en fonction des années et des zones). En cas d'accident de décompression — survenant en général à la suite d'une remontée à la surface trop rapide —, le secours doit se faire dans les plus brefs délais. Une fois l'alerte reçue, le travail du Cross consiste à organiser le transport de la victime vers un centre de médecine spécialisée disposant d'un caisson de recompression dans lequel le naufragé prend place. En cas d'extrême urgence, le caisson est transporté par hélicoptère pour réduire le temps d'intervention.

La manœuvre de recompression du patient par oxygène a pour objectif de dissoudre les bulles de gaz qui se sont formées dans son sang à la suite d'une remontée en surface trop rapide. Ces bulles peuvent en effet provoquer des accidents cardio-vasculaires, des arrêts cardiaques ou des lésions irréversibles.

Plongeur secouru

CONSEILS AUX NAUFRAGÉS

Le naufrage fait partie des risques auxquels tout marin doit se préparer. Plus l'éventualité aura été prise au sérieux, meilleures seront les conditions de survie.

Rester calme

En cas de naufrage, garder son sang-froid pour prendre les bonnes décisions est primordial, la survie de l'équipage en dépend. De l'avis de tous les professionnels, une fois que l'alerte est donnée, il est préférable de rester à bord du bateau tant qu'il flotte. Les aéronefs ou les navires aux alentours repèrent en effet plus facilement un bateau qu'un canot. De plus, le bateau contiendra toujours davantage de produits de première nécessité qu'un canot. Si l'évacuation est toutefois inévitable, il est recommandé de rester près de l'épave en attendant les secours.

Éviter l'hypothermie

L'hypothermie – la perte de chaleur – est le danger le plus grave. En effet, le temps de survie d'un homme tombé à la mer en bonne condition physique ne dépasse pas une heure et demie dans une eau à 10 ° C et 30 minutes dans une eau glaciale à 0 ° C. La survie des naufragés dépendra donc de la réactivité des secours. Dans le cas d'un embarquement à bord d'un canot de sauvetage, il est préférable de rester serrés les uns contre les autres sous la tente. La position du fœtus permet de conserver au mieux la température du corps.

RECORDS DE SURVIE EN POLYNÉSIE

EN 1964, UN JEUNE HOMME DE 30 ANS EMBARQUE DE BORA-BORA À BORD DE SON BATEAU DE 6 M EN DIRECTION DE MAUPITI. IL METTRA 154 JOURS POUR ARRIVER À BON PORT ! EN 2002, UN MARIN-PÊCHEUR DE 55 ANS, PARTI DE TAHITI À BORD DE SON POTI MARARA, EMBARCATION DE PÊCHE, DÉRIVERA PENDANT 118 JOURS AVANT D'ATTEINDRE UNE ÎLE, 1200 KM PLUS LOIN. LES DEUX MARINS ONT SURVÉCU GRÂCE À LA PÊCHE ET À LA COLLECTE D'EAU DE PLUIE.

Pêcheur polynésien à bord de son embarcation traditionnelle

Boire à tout prix

S'il est possible de vivre sans manger pendant environ 6 semaines, il est impossible de survivre sans boire pendant 2 ou 3 jours. De l'avis de certains, le corps humain peut supporter un apport d'eau de mer de 500 ml par jour par petites gorgées sans rien manger. Cette cure d'eau de mer, qui ne doit pas durer plus de quelques jours d'affilée, permet d'économiser l'eau douce disponible, ce qui allonge le temps de survie dans l'attente de secours. Presser des filets de poisson pour y extirper l'eau qu'ils contiennent et collecter l'eau de pluie et de condensation dans la tente sont de toute façon nécessaires.

LA FOLLE ÉPOPÉE DU DOCTEUR BOMBARD

ALAIN BOMBARD EST UN MÉDECIN BIOLOGISTE RÉPUTÉ POUR SA TRAVERSÉE DE L'OCÉAN ATLANTIQUE EN 1952, SEUL À BORD D'UN RADEAU PNEUMATIQUE SANS EAU NI NOURRITURE. À TRAVERS CETTE ÉPOPÉE DÉLIBÉRÉMENT PÉRILLEUSE ET AUDACIEUSE – PAS DE MOYEN DE COMMUNICATION À L'ÉPOQUE –, LE DOCTEUR VOULAIT PROUVER QU'IL EST POSSIBLE DE SURVIVRE GRÂCE EN PARTIE À L'EAU DE MER. SON RÉCIT *NAUFRAGÉ VOLONTAIRE* A ÉTÉ PUBLIÉ EN 1956.

Naufragés sur un radeau qui hèlent un bateau

Lutter contre le désespoir

Voguer dans un canot au gré des courants pendant plusieurs jours, voire plusieurs semaines, peut engendrer un état de dépression grave. Les marins avertis recommandent alors de se livrer, entre deux siestes, à la pêche, à la baignade à condition de bien surveiller les requins dans les parages et aux soins des bobos inévitables tels que les furoncles d'eau salée ou les engelures. Sans oublier que 80 % des naufrages se terminent bien !

LA VIE DES SAUVETEURS

Jet-ski

Ils sont volontaires, bénévoles et disponibles 24 h/24. Risquant parfois leur vie pour sauver celle des naufragés, les sauveteurs sont de véritables héros.

Le bénévolat, une tradition très ancienne

À l'instar des associations de sauvetage du XIXe siècle, le bénévolat est le principe fondateur des sauveteurs en mer. Les 7000 personnes que compte la S.N.S.M. – sauvetage, formation, direction, gestion, communication, collecte des fonds, etc. – ne sont pas indemnisées ; leur unique rémunération est la satisfaction d'œuvrer pour une cause vitale et nécessaire : sauver des vies. Unis autour de valeurs phares – le courage, l'efficacité et la solidarité –, les sauveteurs exercent des professions de plus en plus variées : pêcheurs, infirmiers, professeurs, agents communaux, etc. La S.N.S.M. fonctionne exclusivement grâce aux dons du public et aux subventions de l'État.

PLAISANCIERS EN DÉTRESSE

EN 2009, LA S.N.S.M. AVEC SES 3500 SAUVETEURS, A SECOURU 6206 PERSONNES EN MER. LES BATEAUX DE PLAISANCE, À VOILE ET À MOTEUR, ONT REPRÉSENTÉ LES TROIS QUARTS DES SECOURS, LES MARINS ET LES VACANCIERS DES BORDS DE MER SE PARTAGEANT À PARTS ÉGALES LE QUART RESTANT.

Les fonctions des sauveteurs

Les missions des sauveteurs embarqués consistent à intervenir le plus rapidement possible auprès d'un bateau en détresse, à évaluer l'état des victimes, à leur apporter les premiers soins nécessaires et, selon les cas, à contacter le Samu ou les pompiers pour une évacuation vers un hôpital. Chaque station de sauvetage dispose d'une équipe de 10 à 40 bénévoles. L'équipe est dirigée par le patron de la station. Ce dernier, responsable de l'entretien et de l'équipement de l'embarcation dont il a la charge, coordonne les opérations de sauvetage avec le Cross. La S.N.S.M. compte également des nageurs-sauveteurs volontaires qui exercent la fonction de surveillance des plages.

Vareuse

Veste

Combinaison

Top chrono !

Lorsque le patron d'une station de sauvetage reçoit une alerte du Cross, il dispose de 15 minutes pour réunir son équipage et mettre son embarcation à l'eau. Pour un bateau à secourir, ils sont 8 à bord : le patron, le sous-patron, le préposé à la radio, le mécanicien et 4 canotiers. Chacun a sa spécialité : plongée sous-marine, secourisme, etc. Pour un secours de marins en détresse, le nombre de passagers à bord n'est pas réglementé. Les sauveteurs peuvent intervenir jusqu'à 20 milles des côtes (environ 40 km).

Canot de sauvetage

Un état d'esprit

L'équipe de sauvetage se tient prête à sortir en mer à n'importe quelle heure du jour et de la nuit, par tous les temps et tout au long de l'année. Ce dévouement sans limites relève d'une véritable vocation. Outre les secours en mer, les sauveteurs participent à de nombreuses manifestations maritimes et s'entraînent régulièrement. L'esprit d'équipe, l'autonomie, la rigueur et la disponibilité sont des qualités essentielles pour devenir sauveteur à la S.N.S.M.

LA SÉCURITÉ DES SAUVETEURS

LA MAJORITÉ DES NAUFRAGES SURVENANT DE NUIT ET PAR MERS DÉMONTÉES, LES ÉQUIPEMENTS DES SAUVETEURS DOIVENT GARANTIR UNE SÉCURITÉ MAXIMALE. DE COULEUR ORANGE POUR ÊTRE FACILEMENT REPÉRABLES, ILS SONT FABRIQUÉS DANS DES TEXTILES DE HAUTE TECHNOLOGIE RÉPONDANT À DES CRITÈRES EXIGEANTS DE RESPIRABILITÉ, D'IMPERMÉABILITÉ, DE RÉSISTANCE À L'ABRASION ET DE CONFORT. LA PANOPLIE DES SAUVETEURS DE LA S.N.S.M. COMPREND LE GILET DE SAUVETAGE GONFLABLE, LA COMBINAISON DE TRAVAIL, LA VAREUSE, LA VESTE, LES BOTTES RENFORCÉES, LA LONGE POUR NE PAS TOMBER À L'EAU, LES GANTS DE MANŒUVRE, ETC.

Gilet

Bottes

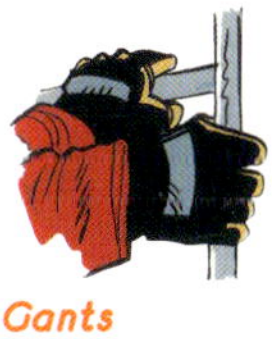
Gants

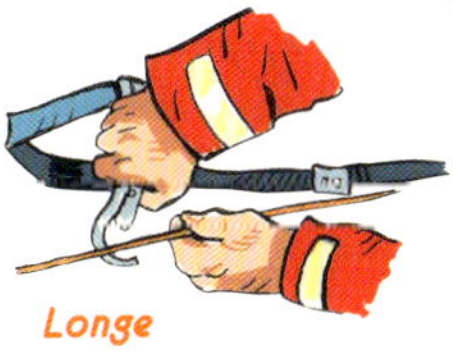
Longe

LA COOPÉRATION ANIMALE

Si le chien est l'ami le plus fidèle de l'homme depuis la nuit des temps, le dauphin est connu pour être un précieux allié des humains en détresse.

Le terre-neuve

Parmi toutes les races de chien aptes à développer des compétences en sauvetage aquatique, le terre-neuve est le champion dans sa catégorie. Les chiens sont robustes, capables de tracter des embarcations jusqu'à 8 tonnes et peuvent nager durant des heures. La France compte entre 400 et 500 chiens de cette espèce en activité. Les chiens, dont le dressage commence dès le troisième ou le quatrième mois, sont véritablement opérationnels entre 2 et 8 ans.

LE BREVET DE SAUVETAGE POUR CHIENS

LE BREVET DE SAUVETAGE EN MER EST UNE ÉPREUVE SPORTIVE, RÉGLEMENTÉE PAR LA COMMISSION D'UTILISATION NATIONALE DE SAUVETAGE À L'EAU, QUI PERMET DE SÉLECTIONNER LES RACES DE CHIENS LES PLUS APTES À LA PRATIQUE DU SAUVETAGE AQUATIQUE. CETTE DISCIPLINE SE STRUCTURE EN PLUSIEURS ÉTAPES ÉTALÉES ENTRE 12 MOIS ET 2 ANS. UN CHAMPIONNAT ET UNE COUPE DE FRANCE ONT LIEU TOUS LES ANS. LES MEILLEURS CANDIDATS SONT REÇUS AVEC LA MENTION D'EXCELLENCE !

Les exercices de dressage

Le chien apprend au cours de son dressage dans l'eau à nager sur de longues distances, à rapporter un objet à son maître, à apporter un objet à une victime, à plonger pour aller chercher un objet immergé, à venir en aide à une personne en train de se noyer grâce à son harnais ou encore à tirer par le bras un naufragé inanimé. Il apprend également à remorquer un canot, une planche à voile ou un Zodiac. Il peut intervenir depuis la plage, sauter à l'eau depuis un bateau ou depuis un hélicoptère à basse altitude. Le chien ne prend cependant aucune initiative, il obéit aux ordres de son maître, quelquefois au péril de sa vie.

Surfeur secouru par un chien

Les dauphins protègent parfois les plongeurs des attaques de requins

Des dauphins sauveteurs

De nombreux plongeurs, surfeurs ou nageurs racontent avoir été sauvés d'attaques de requins par des dauphins. En effet, alors qu'ils se trouvaient sur le point d'être dévorés, des dauphins sont apparus et ont chassé avec violence le requin abandonnant, du coup, sa proie. Certains témoignages attestent d'un comportement social très élaboré de la part des dauphins, tel que l'encerclement des victimes jusqu'au départ définitif du prédateur. D'autres racontent avoir été freinés ou déroutés par des dauphins qui semblaient vouloir les écarter d'un danger imminent.

Science à l'appui

D'un point de vue scientifique, les comportements altruistes des dauphins n'étonnent pas les chercheurs : les études montrent en effet que les dauphins ont une grande intelligence émotionnelle, qu'ils ont une conscience d'eux-mêmes – comme les éléphants et les chimpanzés, ils se reconnaissent dans un miroir – et qu'ils sont capables de communiquer et de s'identifier les uns les autres par un langage très élaboré. Ces différents facteurs biologiques leur conféreraient une capacité d'empathie qui pourrait expliquer leurs comportements protecteurs vis-à-vis des humains.

LE LANGAGE DES DAUPHINS

LE LANGAGE DES DAUPHINS COMPREND TROIS TYPES DE SONS ÉMIS SIMULTANÉMENT, DES CLICS QUI PERMETTENT DE DÉTECTER ET DE LOCALISER UNE PROIE, DES SIFFLEMENTS QUI SIGNALENT L'IDENTITÉ, LA LOCALISATION ET L'ÉTAT ÉMOTIONNEL DE L'ÉMETTEUR (CHAQUE DAUPHIN A SON PROPRE SIFFLEMENT) ET UN BOURDONNEMENT D'ULTRASONS QUI AURAIT TRAIT À LA VIE SOCIALE DU CLAN. UN DAUPHIN SERAIT AINSI CAPABLE D'ALERTER SES CONGÉNÈRES QU'UN REQUIN RÔDE DANS LES PARAGES ET QU'IL FAUT INTERVENIR À GRAND RENFORT DANS LES PLUS BREFS DÉLAIS.

Chapitre 3

Les enjeux de la prévention

LES 10 COMMANDEMENTS DU CITOYEN DE LA MER

1. BIEN CONNAÎTRE SA ZONE DE NAVIGATION ET LE MILIEU MARITIME : MÉTÉO, MARÉES, COURANTS, RÉCIFS, LÉGISLATION, ETC.
2. ÊTRE CONSCIENT DE SES POSSIBILITÉS ET DE SES LIMITES.
3. BIEN MAÎTRISER SON BATEAU.
4. BIEN CONNAÎTRE L'ÉTAT DE PRÉPARATION DE SON ÉQUIPAGE.
5. SAVOIR ALERTER LES SECOURS ET CONNAÎTRE LES PREMIERS GESTES QUI SAUVENT.
6. SURVEILLER ET DÉTECTER RAPIDEMENT TOUTE ANOMALIE TECHNIQUE OU PERSONNE EN DIFFICULTÉ.
7. PORTER SECOURS AUX PERSONNES EN DÉTRESSE ET DONNER L'ALERTE.
8. CONNAÎTRE LES CONTRAINTES DES AUTRES ACTEURS .
9. RESTER TOUJOURS COURTOIS AVEC SES INTERLOCUTEURS.
10. RESPECTER L'ENVIRONNEMENT MARIN.

Les loisirs nautiques représentent une cause majeure de naufrages. Une meilleure information du public sur les dangers de la mer est nécessaire afin de réduire le nombre d'accidents et de secours.

Un homme averti en vaut deux

Prévenir, informer et sensibiliser le public sur les dangers de la mer représentent un volet important de la S.N.S.M. En conséquence, la société se dote chaque année d'outils de communication destinés à différentes cibles – enfants, nageurs, kitesurfeurs, plaisanciers, etc. – afin de les informer des règles de sécurité sur le littoral et en mer. Des exercices et des démonstrations de manœuvres sont également proposés aux plaisanciers en guise de formations pratiques.

La charte du citoyen de la mer

La mer, autrefois réservée aux marins, est devenue un espace partagé et revendiqué par de nombreuses communautés : pêcheurs, transporteurs, plaisanciers, touristes, etc. Afin de préserver le plaisir des loisirs nautiques et l'espace de liberté qu'est la mer, la S.N.S.M. a établi en 2006 une charte du citoyen de la mer reconnue par le ministère de l'Écologie, du Développement durable et de l'Énergie. Cette charte écrite sous forme de 10 commandements a pour objectif de développer auprès du grand public une attitude plus responsable, plus solidaire et plus respectueuse envers les autres et l'environnement.

LES LOISIRS NAUTIQUES

Conseils de sécurité aux plaisanciers

La S.N.S.M. met gratuitement à disposition des amateurs de voile un guide qui recense les règles élémentaires de sécurité en mer : s'informer de la météo et de l'état de la mer, vérifier le matériel de sécurité avant de partir, avertir les proches de l'itinéraire, être au moins 2 à bord à savoir naviguer, ne jamais retirer son gilet de sauvetage, vérifier l'état de fonctionnement de la V.H.F., s'assurer du niveau d'essence, respecter les limitations de vitesse, ne quitter son bateau qu'en dernier recours, etc.

Les conseils de la préfecture maritime

Afin de limiter les secours ou les fausses alertes, la préfecture maritime fait appel de son côté au bon sens et au civisme des skippers en leur rappelant des règles simples : regarder la météo avant de partir en mer, comprendre la mer et appréhender ses dangers, garder un contact régulier avec quelqu'un à terre, alerter les familles de tout changement par rapport au projet initial, s'assurer du bon fonctionnement des outils de communication avec une station côtière avant et après le départ et maintenir une veille V.H.F. régulière sur le canal 16. La préfecture rappelle également que le téléphone mobile n'est opérationnel que sur terre et en limite côtière.

Radio V.H.F.

Radio V.H.F.

LES AVIS AUX NAVIGATEURS

LES AVIS AUX NAVIGATEURS SONT DES INFORMATIONS URGENTES DÉLIVRÉES AUX NAVIGATEURS PAR LES CROSS OU PAR LES SÉMAPHORES *VIA* LE RÉSEAU V.H.F. SUR L'ÉTAT DU TRAFIC EN MER DANS LEUR SECTEUR DE NAVIGATION. IL S'AGIT D'INFORMATIONS PRATIQUES TELLES QUE LA DISPARITION D'UNE BOUÉE DE SIGNALISATION, LE DÉPLACEMENT D'UN BANC DE SABLE À L'EMBOUCHURE D'UN CHENAL, LE DYSFONCTIONNEMENT D'UN FEU DE SIGNALISATION, ETC. CES INFORMATIONS, ÉGALEMENT DISPONIBLES SUR LES SITES DES PRÉFECTURES MARITIMES ET DANS LES CAPITAINERIES DES PORTS, DOIVENT ÊTRE CONSULTÉES TRÈS RÉGULIÈREMENT.

LA PLAGE

La plage n'est pas seulement un lieu de retrouvailles, de jeux et de détente. C'est aussi une zone de dangers quelquefois mortels. Mieux vaut prévenir que guérir.

Les accidents des bords de mer

Les noyades représentent l'essentiel des accidents mortels des bords de mer. Parmi les accidentés, les hommes et les enfants de moins de 6 ans sont sur-représentés. Malgré la surveillance des plages et les signalisations, les noyades ont lieu majoritairement dans la zone des 300 m du bord de mer. La plongée sous-marine est également une cause importante de décès. Par ignorance ou négligence, les règles de sécurité de base sont malheureusement encore trop peu respectées.

LE DANGER DES BAÏNES

LES BAÏNES SONT CONNUES DES SAUVETEURS POUR ÊTRE DES PIÈGES PARTICULIÈREMENT REDOUTABLES. FORMÉES PAR L'ACCUMULATION DE SABLE DÉLIMITANT UN PETIT BASSIN D'EAU PEU PROFONDE, D'APPARENCE SÉCURISANTE, LES BAÏNES CÈDENT DE MANIÈRE VIOLENTE SOUS L'EFFET DE LA MARÉE DESCENDANTE, ENTRAÎNANT INÉVITABLEMENT LE NAGEUR VERS LE LARGE. LES NOYADES NE SONT PAS RARES.

Les dangers les plus courants

Parmi les accidents non mortels, les piqûres d'animaux marins – vives, oursins, raies électriques et méduses –, les insolations, les coups de soleil, les coups de chaleur, les coupures et les foulures dues aux jeux de plage représentent l'essentiel des dangers des bords de mer.

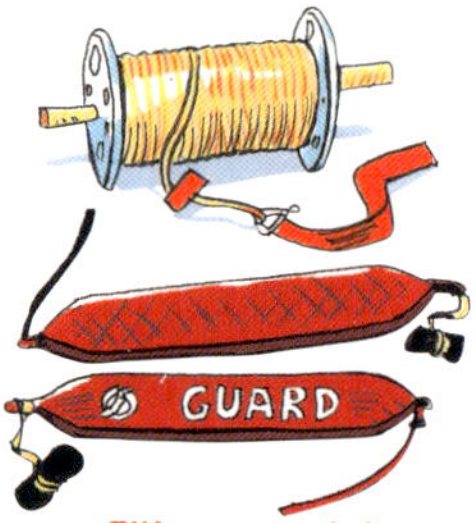

Filin **rescue tube**

Le matériel de sauvetage

Les *rescue tube* sont des tubes de mousse flexibles dotés d'une sangle permettant d'y attacher une victime afin de la remorquer jusqu'à la

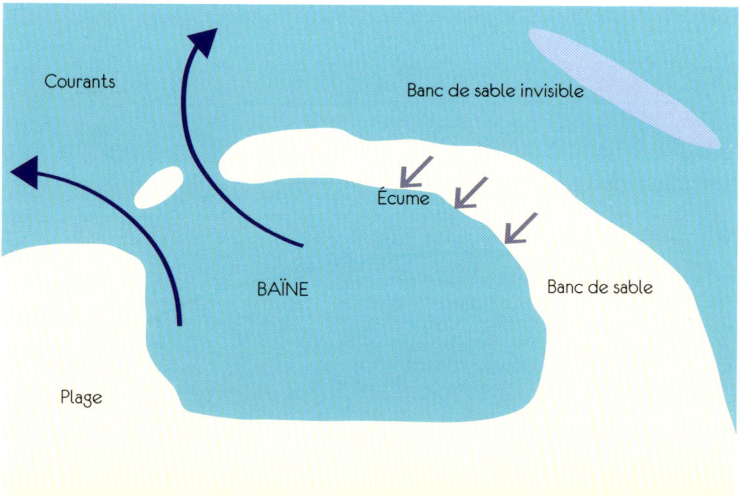

Schéma d'une baïne

plage. Si le sauveteur lâche le naufragé par inadvertance, celui-ci est automatiquement maintenu à la surface. Ce matériel est particulièrement utile en cas de mer démontée.

Le filin, une corde de 100 à 400 m enroulée sur un dévidoir, est utilisé par gros temps lorsque le sauveteur ne peut ramener une victime par ses propres moyens à cause du courant ou des vagues.

Les Zodiac et Jet-skis sont également employés pour remorquer les victimes à partir du large.

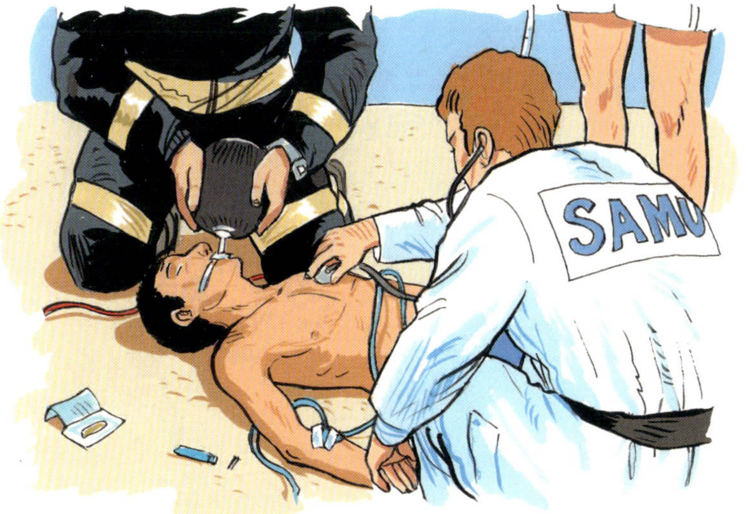

Réanimation d'une personne qui a failli se noyer

Les campagnes de prévention de la S.N.S.M.

Chaque été, la S.N.S.M. organise pour les enfants des jeux et des animations afin de leur enseigner les règles élémentaires de sécurité sur la plage : savoir quand se baigner, se protéger du soleil, utiliser la crème solaire, interpréter les pavillons de sécurité, etc. Autre intervention : la S.N.S.M. distribue aux bambins en bas âge des bracelets sur lesquels les parents inscrivent leur numéro de téléphone mobile afin de les alerter en cas de fugue involontaire. La S.N.S.M. a en effet effectué 1 170 recherches d'enfants perdus pendant l'été 2009. En parallèle, la S.N.S.M. édite des outils pédagogiques tels que le *Passeport de la mer*, un kit pédagogique destiné aux élèves de 7 à 12 ans et aux enseignants, ainsi que la bande dessinée *La Famille Bronzaleau*.

LES PAVILLONS DE SIGNALISATION

LES ZONES DE BAIGNADE SURVEILLÉES SONT DÉLIMITÉES PAR DES BOUÉES À L'INTÉRIEUR DESQUELLES TOUS BATEAUX À VOILE OU À MOTEUR, PLANCHES À VOILE, SURFS, KITESURFS OU KAYAKS SONT INTERDITS. LES PAVILLONS HISSÉS SUR LA PLAGE INDIQUENT AU PUBLIC LE NIVEAU DE SÉCURITÉ DES BAIGNADES.

Baignade sans danger autorisée dans la zone surveillée

Baignade dangereuse autorisée dans la zone surveillée

Baignade interdite sur toute la plage

Absence de pavillon : baignade non surveillée, aux risques et périls du public

LE TRANSPORT MARITIME

Depuis les grandes catastrophes écologiques des années 1990, la sécurité maritime est au cœur des préoccupations internationales et nationales. Même s'il reste beaucoup à faire, le transport maritime est de plus en plus contrôlé et sécuritaire.

UNE ZONE DE VULNÉRABILITÉ

GRÂCE À LA CRÉATION EN 2004 PAR L'O.M.I. D'UNE Z.M.P.V., ZONE MARITIME PARTICULIÈREMENT VULNÉRABLE À LAQUELLE APPARTIENNENT LA FRANCE, L'ESPAGNE, LE PORTUGAL, LE ROYAUME-UNI, LA BELGIQUE ET L'IRLANDE, TOUS LES NAVIRES TRANSPORTANT DU FUEL LOURD ET CIRCULANT DANS LES EAUX D'EUROPE DE L'OUEST DOIVENT SIGNALER LEUR PRÉSENCE 48 HEURES À L'AVANCE. UNE MANIÈRE EFFICACE D'ANTICIPER D'ÉVENTUELS PROBLÈMES.

Le renforcement des mesures de sécurité des navires

Grâce aux conventions internationales adoptées par l'O.M.I., Organisation maritime internationale sous l'égide de l'Onu, les navires à simple coque disparaissent de la circulation depuis 2001 au profit des navires à double coque, plus sécurisés en cas de naufrage et de collision. Autre mesure de prévention : le volume maximal des soutes de fuel des vraquiers, chimiquiers et autres transporteurs est fixé à 2 500 m^3. Parallèlement, une inspection de l'état des gros pétroliers de plus de 15 ans à simple coque doit être effectuée tous les 2,5 ans.

Double coque

L'inspection des navires dans les ports

Pour s'assurer que les navires en circulation dans les eaux internationales soient conformes aux normes de sécurité, les instances européennes disposent, d'une part, d'une liste noire répertoriant les flottes maritimes jugées trop dangereuses et, d'autre part, du droit d'inspecter les navires dans les 600 ports d'Europe. Si un navire est jugé trop vétuste, l'État peut imposer des réparations avant de le laisser reprendre sa route.

Marin-pêcheur

L'Agence européenne pour la sécurité maritime effectue des contrôles réguliers

Mieux former et protéger les équipages

Sachant que 80 % des accidents proviennent d'une erreur humaine et que l'exploitation sauvage des marins, en particulier philippins, est un phénomène courant dans le milieu, la gestion des ressources humaines est une priorité pour l'O.M.I. et l'Agence européenne pour la sécurité maritime. Assurer une meilleure formation des équipages et offrir aux marins des conditions de travail plus humaines et plus respectueuses de leur rythme biologique sont des objectifs communs.

L'union fait la force

La France, la Belgique, le Danemark, l'Allemagne, les Pays-Bas, le Royaume-Uni, la Suède, et tout récemment l'Irlande, ont signé un protocole d'entraide destiné à lutter contre la pollution maritime. Il s'agit de l'accord de Bonn né en 1969 d'une initiative de l'ex-Allemagne de l'Ouest. La zone maritime concernée par cet accord atteint 1 586 millions de kilomètres carrés. Grâce à cet accord, les États s'engagent à collaborer activement en cas de problème.

Grâce à ces différentes mesures, le nombre de pertes de navires de plus de 500 GT – GT désigne le volume du navire en tonnes brut –, a diminué de plus de moitié en 20 ans.

Le jeu du chat et de la souris

L'Agence européenne pour la sécurité maritime a mis au point en 2007 CleanSeaNet, un système d'imagerie par satellite capable de détecter les bateaux en flagrant délit d'épandages chimiques ou de rejets d'hydrocarbures en mer. Ce dispositif opérationnel couplé à un système d'informations permet d'identifier les bateaux dangereux et d'engager les poursuites judiciaires nécessaires.

Inspection d'un navire vétuste

DEVENIR SAUVETEUR

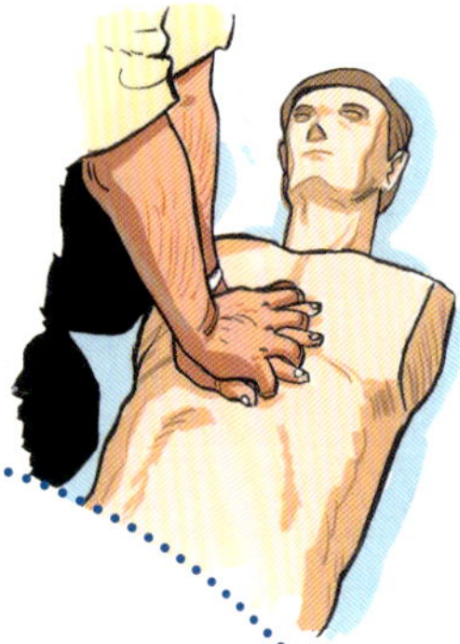

Formation à la réanimation

Parallèlement à ses vocations de sauvetage et d'information du public, la S.N.S.M. accorde une place de choix à sa mission de formation des sauveteurs. Un moyen de garantir un niveau optimal de compétences et de savoir-faire.

Une excellente condition physique

Au-delà d'un état d'esprit très positif et d'une grande aptitude à travailler en équipe, d'excellentes conditions physiques et intellectuelles sont nécessaires pour assumer la fonction de sauveteur. Il faut en effet pouvoir surmonter les difficultés physiques du sauvetage (plonger, nager, tracter), connaître des éléments théoriques relatifs à la météo, la mer et les réglementations en cours, et savoir exécuter les gestes de premiers secours, tels que la réanimation par le bouche-à-bouche, l'arrêt d'une hémorragie, la pratique des massages cardiaques, etc.

DES ENTRAÎNEMENTS RÉGULIERS

LA S.N.S.M. ORGANISE DES ENTRAÎNEMENTS RÉGULIERS DESTINÉS À MAINTENIR UN NIVEAU D'INTERVENTION HAUTEMENT QUALIFIÉ. À LA STATION DE L'ESTÉREL, DES EXERCICES D'HÉLITREUILLAGE ONT LIEU TOUS LES MOIS AVEC LES HÉLICOPTÈRES DE LA BASE AÉRONAVALE D'HYÈRES.

Devenir nageur-sauveteur

La S.N.S.M. forme chaque année plus de 500 nageurs-sauveteurs. La formation dure 8 mois, d'octobre à mai, et compte 400 heures de cours et d'ateliers pratiques dispensés par des formateurs bénévoles. Les candidats doivent passer 5 diplômes : le P.S.E.1 (Premiers secours niveau 1), le P.S.E.2 (Premiers secours niveau 2), le B.N.S.S.A. (Brevet national de sécurité et sauvetage aquatique), le permis côtier (permis bateau) et le C.R.R. (Certificat restreint de radiotéléphoniste). Avec ses 1 400 nageurs-sauveteurs bénévoles, la S.N.S.M. surveille plus d'un tiers des plages du littoral métropolitain l'été.

Hélitreuillage

EN MER

Devenir sauveteur embarqué

Pas de diplôme requis pour devenir sauveteur embarqué. Un entretien destiné à déterminer les motivations du candidat est par contre obligatoire. Autre critère d'admissibilité : habiter près d'une station de sauvetage pour pouvoir embarquer en 15 minutes. Chaque candidat informe le patron de station de ses disponibilités. En cas d'urgence, il mobilisera son équipe en fonction des contraintes de chacun.

DEVENIR SAPEUR-POMPIER VOLONTAIRE

UNE AUTRE VOIE POSSIBLE POUR TRAVAILLER L'ÉTÉ EN TANT QUE SURVEILLANT DE PLAGE EST CELLE DES SAPEURS-POMPIERS SAISONNIERS. LE CANDIDAT PEUT EN EFFET SUIVRE LA FORMATION DU BREVET NATIONAL DE SÉCURITÉ ET DE SAUVETAGE AQUATIQUE EN INTERNE.

Entraînement

Une large palette de formations

Une fois membres de la S.N.S.M., les sauveteurs embarqués peuvent suivre en collaboration avec des lycées maritimes des formations diplômantes dans différents secteurs : maintenance technique des bateaux, secourisme, navigation, etc. Ils peuvent aussi se spécialiser pour prétendre aux postes de canotier, sous-patron, patron, etc. Avec l'expérience, les sauveteurs ont accès également aux formations pour devenir eux-mêmes formateurs auprès des jeunes recrues.

Examen du permis bateau

Abeille Bourbon

Longueur : 80 m
Largeur : 16,50 m
Vitesse : 19,90 nœuds par force 2
16,5 par force 7
Puissance : 21 740 CV
Traction : 209 tonnes
Équipage : 12 marins de la Marine marchande

L'*Abeille Bourbon*, livré en 2005, est un remorqueur Rias (Remorqueur d'intervention, d'assistance et de sauvetage de la compagnie Abeilles International) affrété par la Marine nationale. Basé à Brest, il est prêt à participer 24 h/24 à des opérations de sauvetage et de remorquage dans le rail d'Ouessant, une des zones les plus dangereuses au monde. D'une capacité d'accueil de 300 personnes, il est équipé, entre autres, de 2 embarcations de sauvetage et d'un dispositif de lutte contre l'incendie et la pollution.

Vedette SNS 142

Longueur : 14,80 m
Longueur : 4,60 m
Vitesse : 25 nœuds
Puissance : 2 moteurs diesel de 495 CV

La vedette SNS 142, un canot de sauvetage insubmersible et auto-redressable, fait partie des 32 vedettes de 1re classe de la S.N.S.M. Ce type de vedette est conçu pour intervenir par tous les temps et offrir aux naufragés les premiers secours grâce à un équipement médical équivalent à celui des ambulances de pompiers. Pour repérer les naufragés, la vedette dispose entre autres d'une radio V.H.F. qui permet de localiser le signal de détresse et de jumelles à vision nocturne.

La vedette SNS 142, mise à l'eau en 2002, appartient à la station de la presqu'île de Quiberon.

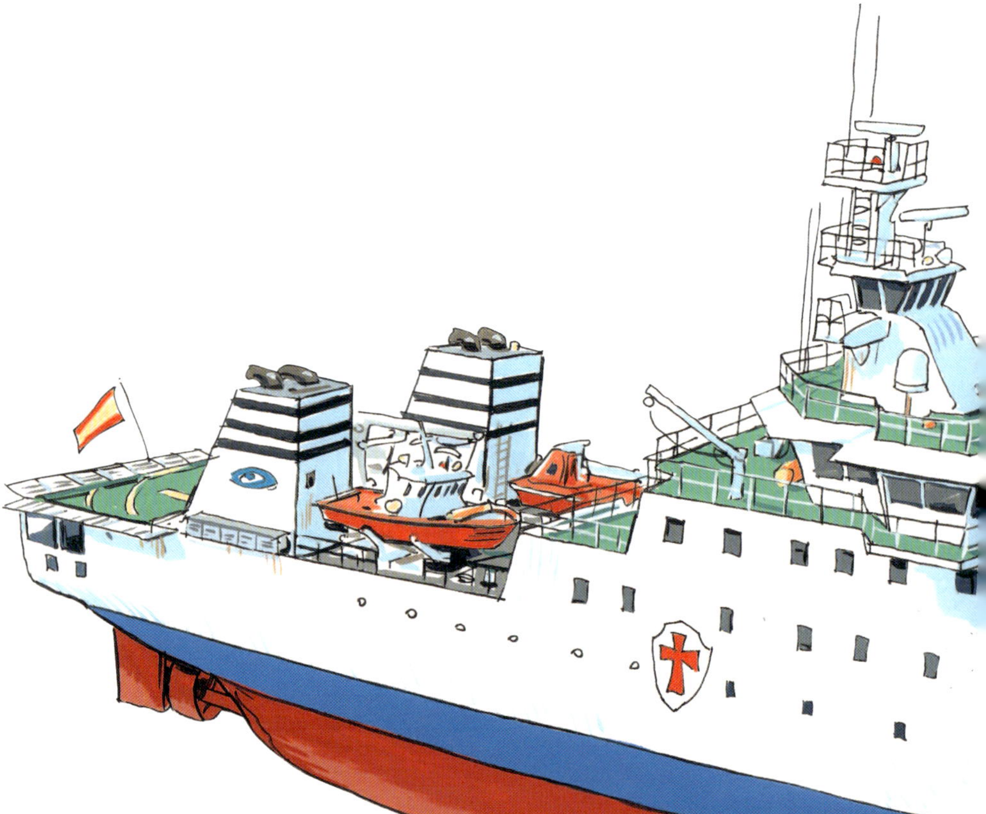

NAVIRE-HÔPITAL

Longueur : 75 m
Largeur : 14 m
Vitesse : 8,3 nœuds en moyenne
14,2 maximum
Jauge brute : 2649

Construit en 2006, le *Juan de la Cosa* est un navire espagnol appartenant à l'administration de la sécurité sociale. Contrairement aux bâtiments habituellement recyclés en navires-hôpitaux, le *Juan de la Cosa* a été spécialement conçu pour sa mission d'assistance médicale aux pêcheurs espagnols.
D'une capacité d'accueil de 10 patients dans sa zone hospitalière, il dispose des équipements médicaux les plus sophistiqués : salle d'opération, laboratoire, salle de soins intensifs, cabinet de radiographie, communications satellite avec l'hôpital des Armées de Madrid, etc.
En plus de ses interventions chirurgicales en mer, il dispense des consultations médicales par visioconférences aux navires en détresse.

HÉLICOPTÈRE CAÏMAN

Longueur HT (rotor tournant) : 19,56 m
Largeur du fuselage avec flotteurs : 3,63 m
Hauteur : 4,20 m
Diamètre rotor : 16,3 m
Vitesse : de 260 km/h à 295 km/h
Autonomie : 4 heures, plus 30 minutes de réserve
Distance maximum franchissable : 950 km

L'hélicoptère Caïman (le NH90 N.F.H. *Naval Frigate Helicopter*) est le nouvel hélicoptère de la Marine nationale. Il remplace définitivement le Super-Frelon des années 1960 : au total, 27 exemplaires seront livrés à la marine d'ici 2021.
Le Caïman, spécialisé dans les opérations de combat naval et de soutien (sauvetage, évacuation sanitaire et transport) est conçu pour intervenir de jour comme de nuit dans des conditions météo extrêmes. Équipé d'un treuil, il peut accueillir jusqu'à 12 civières.

Selon les recommandations de la Croix-Rouge, toute personne désireuse de porter secours à une victime doit respecter les étapes suivantes :

1. sécuriser le lieu de l'accident
2. évaluer l'état de la victime
3. appeler les secours
4. effectuer les gestes de premier secours dans l'attente des professionnels.

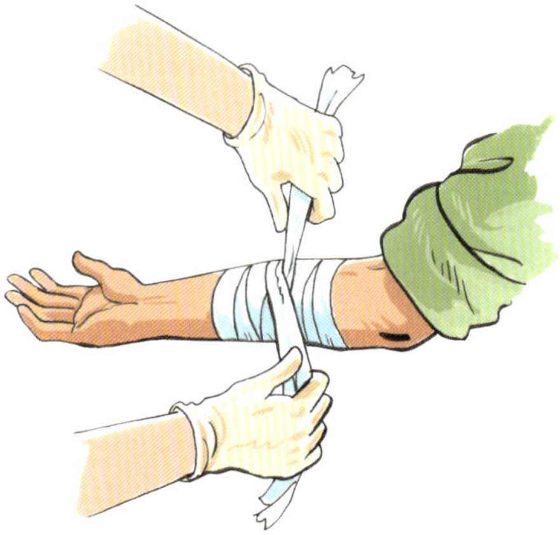

Si la victime saigne abondamment, ne pas faire de garrot mais comprimer la plaie directement avec la main (attention à se protéger avec des gants ou un linge) ou faire un tampon relais : placer un morceau de tissu sur la blessure et serrer avec un bandage.

Si la victime est inconsciente, la placer en position latérale de sécurité en attendant les secours. Attention à soulever le menton pour libérer les voies respiratoires.

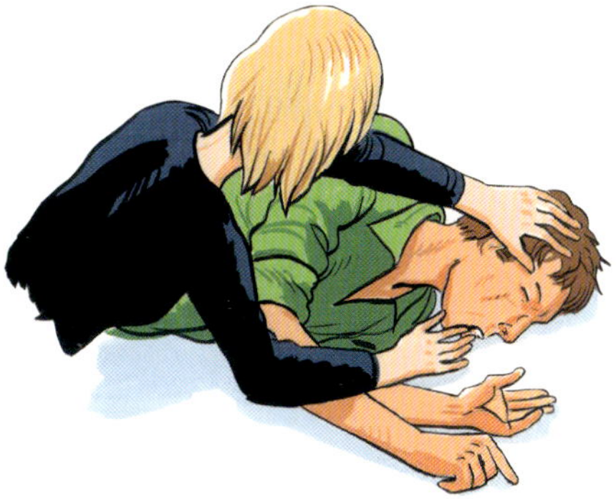

Pour placer une victime en position latérale de sécurité, saisir sa main et sa jambe du côté opposé et la faire rouler vers soi en tirant sur son genou.
Ouvrir sa bouche et vérifier que la respiration est toujours normale.

LES PAVILLONS DE NAVIGATION

La communication entre bateaux ou entre terre et bateaux s'est longtemps faite à l'aide de pavillons dont le code a été défini par les Anglais au milieu du XIXe siècle. La dernière version remonte aux années 1960. Même si la communication par satellite a supplanté leur usage, les pavillons restent obligatoires à bord des bateaux. Ils décorent aussi tous les ports de pêche de France !

Chaque pavillon correspond à une lettre de l'alphabet, à un chiffre et à un message :

A (alpha)

B (bravo)

C (charlie)
Oui (affirmatif).

D (delta)

E (echo)

F (foxtrot)

G (golf)
J'ai besoin d'un pilote.

H (hotel)

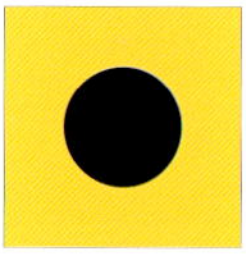

I (india)

J (juliet)

K (kilo)

L (lima)
Stoppez votre navire.

M (mike)

N (november)
Non (négatif).

O (oscar)
Un homme à la mer.

P (papa)

T (tango)

X (x-ray)

Q (quebec)

U (uniform)

Y (yankee)

R (romeo)
J'ai reçu votre message.

V (victor)
Je demande assistance.

Z (zulu)

S (sierra)

W (wiskey)

Les associations de deux lettres ont une signification particulière :

AF (alpha foxtrot)
Je n'ai pas l'intention d'abandonner mon navire.

NC (november charlie)
Je suis en détresse S.O.S.

AL (alpha lima)
J'ai un médecin à bord.

Dans la collection

Vivre la mer

2009
La pêche en mer
Les sous-marins

2010
Les Loisirs en mer
Les Porte-avions
La Piraterie

2011
L'Océanographie
Les Monstres marins

2012
Les Phares et Balises
Le Sauvetage en mer

Quelques bonnes adresses :

La S.N.S.M. :
http://www.snsm.org/

La Croix-Rouge :
http://www.croix-rouge.fr/

Le ministère de la Défense :
http://www.defense.gouv.fr

Un site d'informations sur la mer :
http://www.meretmarine.com

Un site généraliste sur le sauvetage en mer :
http://sauvmer.free.fr/

Un site sur les nageurs-sauveteurs :
http://www.nageur-sauveteur.com/

Le secrétariat général de la Mer :
http://www.sgmer.gouv.fr/Securite-maritime-et-sauvetage-en.html

L'Agence européenne de sécurité maritime (A.E.S.M.) :
http://www.emsa.europa.eu/

Le ministère de l'Écologie, du Développement durable et de l'Énergie :
http://www.developpement-durable.gouv.fr

La Fédération des maîtres nageurs-sauveteurs :
http://www.fmns.fr/